Die Asynchronmotoren und ihre Berechnung

Von

Erich Rummel
Oberingenieur, Strelitz i. Meckl.

Mit 39 Textabbildungen
und 2 Tafeln

Berlin
Verlag von Julius Springer
1926

ISBN-13: 978-3-642-90326-7 e-ISBN-13: 978-3-642-92183-4
DOI: 10.1007/978-3-642-92183-4

Softcover reprint of the hardcover 1st edition 1926

Vorwort.

In der reichhaltigen Literatur für Induktionsmaschinen wird längst ein Buch kleinen Umfanges vermißt, welches besonders an Hand von mehreren ausführlichen Berechnungsbeispielen für verschiedene Motorarten dem Studierenden sowohl als auch dem Praktiker gute Dienste leistet. Diese Lücke soll durch das vorliegende Buch ausgefüllt werden. Dazu war es nötig die Grundlagen des Elektromaschinenbaues in Theorie und Konstruktion vorauszusetzen.

Ich behandelte die zum Verständnis der Berechnungen notwendige Theorie und leitete die eigentlichen Dimensionierungsformeln aus einfachen Grundformeln ab. Besonderen Wert legte ich auf die Durchführung praktischer Berechnungsbeispiele, bei denen übliche Berechnungsformulare die Übersicht wesentlich erleichtern. Sechs Berechnungen verschiedener Motoren normaler sowie anormaler Art zeigen die Nutzanwendung der einleitenden Kapitel. In den Abhandlungen bevorzugte ich der Wichtigkeit entsprechend die asynchronen Dreiphasenmotoren gegenüber den Ein- und Zweiphasenmotoren und behandelte besonders die letzteren der geringen Bedeutung wegen nur kurz.

Meine neuartigen Kurven am Schluß des Buches (Taf. 1 u. 2) gestatten eine direkte Ablesung der Hauptdimensionen normaler Drehstrommotoren für beliebige Längenverhältnisse. Diese Kurvenwerte können zur Kontrolle von Berechnungen, zur Auswertung von Blechschnitten als auch zur schnellen Festlegung ganzer Typenreihen dienen. Schließlich erläutern einige Abbildungen die Konstruktionen moderner Asynchronmotoren. Ich spreche den Firmen, die hierzu Zeichnungen usw. in freundlicher Weise zur Verfügung stellten, meinen besten Dank aus.

Strelitz-Alt i. Meckl., im August 1926.

E. Rummel.

Inhaltsverzeichnis.

1. Einleitung.

Die Asynchronmaschine ohne Kollektor unterscheidet sich von der Synchronmaschine im wesentlichen dadurch, daß das Magnetfeld der ersteren mit Wechselstrom erregt wird und ihr Rotor den Strom ähnlich wie die Sekundärwicklung eines Transformators durch Induktion erhält (Induktionsmaschine).

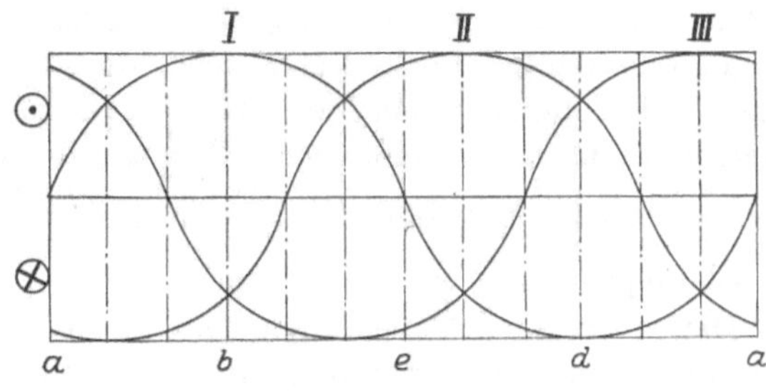

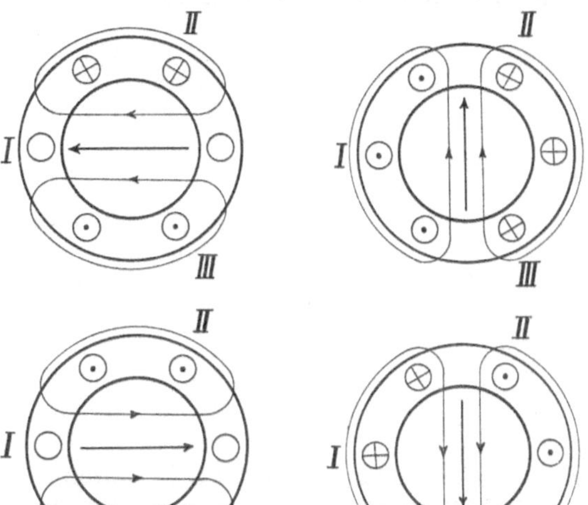

Abb. 1.

Die eigentliche Motorfunktion beruht auf dem sogenannten Drehfeldprinzip. Ein normales Drehfeld kann durch ein beliebiges Mehrphasenstromsystem erzeugt werden. Für die nebenstehende, schematische Darstellung eines dreiphasigen Drehfeldes sind nach Abb. 1 vier Momentstellungen der drei um 120 elektr. Grade versetzten, sinusartigen Felder bei a, b, c und d herausgegriffen und die jeweiligen Kraftflußachsen festgestellt. Aus den vier Einzelbildern ist dann ohne weiteres die drehende Tendenz der Feldachse ersichtlich.

I. Der asynchrone Drehstrommotor.

2. Wirkungsweise.

Die Wirkungsweise des gewöhnlichen Drehstrommotors (ohne Kollektor) ist kurz folgende: Auf dem Stator oder primären Teile sind wie beim Drehstromgenerator drei gleiche, um 120 elektrische Grade versetzte Wicklungen angeordnet. Werden diese an ein Drehstromnetz angeschlossen, so entsteht nach Vorangegangenem ein Drehfeld mit der minutlichen Drehzahl $n' = \frac{60 \cdot f}{p}$, d. h. bei $f = 50$ Perioden und $p = 1$ Polpaar ist $n' = 3000$ U/m.

Dieses Drehfeld schneidet (passiert) die Windungen der Mehrphasenwicklung vom sekundären, drehbaren Teil (Rotor oder Läufer), wodurch an den Rotorphasen EMK_e induziert werden. Schließt man den Stromkreis über den Anlasser, so können Rotorströme fließen, die ihrerseits wiederum ein Drehfeld (Rotorfeld) zur Folge haben. Im Bestreben des letzteren sich mit dem Statordrehfeld zu vereinigen, entsteht die eigentliche Drehung des Rotors. Dieser sucht die Tourenzahl des Statordrehfeldes zu erreichen, kann es aber nicht, da sonst bei Synchronismus der Geschwindigkeiten keine Kraftlinienänderung relativ zu den Rotordrähten erfolgen würde, d. h. es wäre dann auch keine EMK, weder Strom noch Feld, somit auch kein Drehmoment möglich. Selbst bei Leerlauf wird also der Rotor zur Erzeugung eines Drehmomentes für die Reibungsarbeit etwas zurückbleiben (schlüpfen) müssen. Bei einer Drehfeldtourenzahl von $n' = 3000$ wird die Leerlaufdrehzahl des Rotors z. B. etwa 2998 sein. Bei der eigentlichen Belastung an der Riemenscheibe wird die Rotorschlüpfung größer, damit nehmen auch die Kraftlinienschnitte zu, ebenso die Rotor-EMK_e, d. h. es steigt auch das Drehmoment, welches das Maximum im allgemeinen bei einer Schlüpfung von 2 bis 5 vH (große bis kleine Motoren) erreicht. Der Verlauf der Drehmomentkurve bei den verschiedenen Schlüpfungen bzw. Drehzahlen ist aus Abb. 2 ersichtlich.

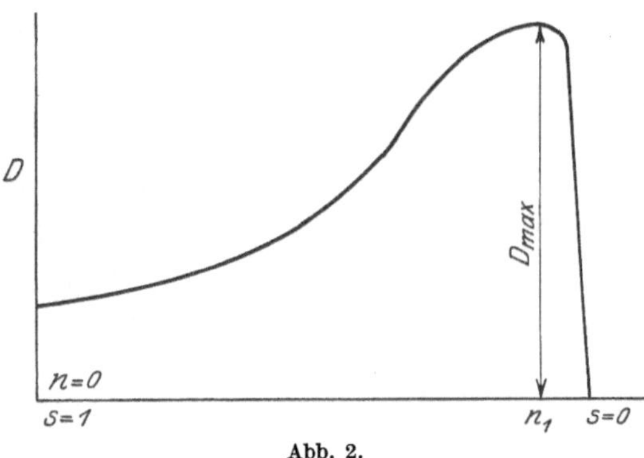

Abb. 2.

3. Der praktische Aufbau des Drehstrommotors.

Als Transformator allein aufgefaßt, ergibt sich bereits ein paketartiger Aufbau, d. h. Stator- sowie Rotorkern sind aus einer großen Anzahl, meist 0,5 mm starken, durch Seidenpapier voneinander isolierten Ankerblechen zusammengesetzt, um die Wirbelstromverluste erträglich zu gestalten. Da das hohlzylindrische Statorpaket dem Anker bei Gleichstrommotoren entspricht, erhält es zur Aufnahme der Wicklung Nuten, die zur Verringerung der Streuung und der Luftinduktion normal halbgeschlossen ausgeführt werden. Um dem Statorpaket und den Lagern zugleich den erforderlichen Halt zu geben, sieht man ein dünnwandiges Gehäuse derart aus Gußeisen vor, daß die magnetischen Verhältnisse des Statorpakets möglichst wenig gestört werden. Der Luftspalt zwischen Statorbohrung und Rotor wird äußerst klein gehalten und vorteilhaft nach der Formel bestimmt:

$$\boxed{\delta = 0{,}02 + \frac{D}{900}},$$

wobei D die Statorbohrung in cm bedeutet.

Die bei den Luftspalten einzuhaltenden Grenzen sind im übrigen durch VDE-Vorschriften festgelegt.

Der Läufer bekommt ähnliche Nuten und Wicklungen wie der Stator, jedoch sollen die Nutenzahlen als Vielfaches vom Produkt Polzahl mal Phasenzahl nicht gleich sein, da sonst der Rotor schlecht anläuft („klebt"). Die Nutenzahl pro Pol und Phase liegt normal zwischen 2 und 4. Im Stator sind besonders die Nutenzahlen 36, 48, 54, 60 und 72, beim Rotor 24, 48, 54, 72 und 96 geläufig. Bei Kurzschlußläufern sind die Nutenzahlen 18 und 28 bei kleinen Typen günstig.

Bei Spannungen bis 250 Volt pro Phase genügen durchschnittlich Nutenisolationen von 0,4 bis 0,6 mm Preßspan (einseitig $2 \times 0{,}2$ bis $2 \times 0{,}3$ mm); bei höheren Phasenspannungen wird außerdem noch Ölleinen (bis 0,2 mm) verwendet. Hochspannungsmotoren erhalten eine besondere Isolation. In jedem Falle wird die Nut am Schlitz zweckmäßig durch einen Fiberstreifen oder Keil abgeschlossen. Unter Berücksichtigung der Unebenheit des Nutenkanals sowie der ungleichmäßigen Lage der Drähte kann man von der Nutenbreite normalerweise 1,7 bis 2 mm, von der Nutentiefe 4 bis 5,5 mm abziehen, um den nutzbaren Wickelraum zu erhalten. Bei Kurzschlußläufern sind die Nuten kreisförmig (geschlitzt oder auch geschlossen); die dazugehörigen Kupferstäbe werden bei 0,2 bis 0,3 mm geringerem Durchmesser blank hereingeschlagen und an den Stirnseiten mit den Kurzschlußringen (normal Kupferguß) vernietet und verlötet. Motoren für

1 bis 12 kW erhalten meist ein normales Schleifringsystem, dessen Bürsten mit dem Anlasser verbunden werden können. Größere Motoren werden vorzugsweise mit Kurzschluß- und Bürstenabhebevorrichtung versehen. Dabei kann der Verkettungspunkt aus dem Anlasser in den Rotor verlegt werden, wodurch die Verluste der Anlasserleitungen sowie die Reibungsverluste der Bürsten vermieden werden.

4. Das Anlassen von Drehstrommotoren.

Wenn ein Motor mit voller Last anlaufen soll, so wird das Anlaufdrehmoment größer als das Drehmoment bei Normalbetrieb, nachdem das Beschleunigungsmoment noch hinzukommt. Des weiteren ist im Augenblick des Anlaufes das Reibungsmoment größer als bei Lauf.

Meistens wird ein großes Anlaufmoment gefordert; dabei soll aber die Anlaufstromstärke eine bestimmte Grenze nicht überschreiten. Diesbezügliche Bedingungen sind besonders bei Lichtnetzen sehr scharf.

Die Anlaufbeschleunigung hängt vom Drehmoment ab, welches der Motor bei verschiedenen Geschwindigkeiten entwickelt. Das Drehmoment fällt um so größer aus, je kleiner der Rotorwiderstand ist; im übrigen liegt das maximale Drehmoment bei Stillstand; es ist im Durchschnitt doppelt so groß als das normale. Ein Motor mit kleinem Widerstand und kleiner Reaktanz nimmt aber bei direkter Einschaltung im ersten Moment einen sehr großen Strom auf, der bis sechsfachen Betrag vom Normalstrom erreicht. Bei günstigen Berechnungen bzw. Konstruktionen hält sich dieser Strom zwischen dem vier- bis fünffachen Betrag des Normalstromes.

Die Anlaßvorrichtungen haben nun den Zweck den Anlaufstrom für das Netz erträglich zu gestalten und dabei ein möglichst hohes Anzugmoment zu erreichen.

A. Anlassen auf der Statorseite.

Diese Art des Anlassens kommt fast ausschließlich für Motoren mit Kurzschlußläufer in Frage. Hierbei unterscheidet man vier Möglichkeiten:

1. Stern-Dreieckschaltung,
2. Vorschaltwiderstände vor die Statorwicklung,
3. Anlaßtransformator,
4. Allmähliches Steigern der Periodenzahl.

1. Stern-Dreieckschaltung. Die Anlaßmethode mittels Stern-Dreieckschaltung ist für kleine Motoren mit Kurzschlußläufer sehr gebräuchlich geworden. Beim Anlassen werden die drei Statorphasen in Stern geschaltet, sodann beim Lauf in Dreieck. Vorbedingung ist daher, daß die Statorwicklung für Dreieckschaltung, welche sonst bei

höheren Spannungen vermieden wird, berechnet ist. Man benutzt sogenannte Stern-Dreieckschalter, meist walzenförmig für drei Stellungen ausgeführt. Sie werden normalerweise einerseits mit den drei Netzleitungen, andererseits mit den drei Anfängen sowie drei Enden der Statorwicklungen verbunden. Beim Lauf erhält daher jede Phase die Netzspannung und der Phasenstrom hat den $\frac{1}{\sqrt{3}}$ fachen Betrag des Netzstromes. Beim Anlauf in Sternschaltung hat dagegen jede Phase nur die $\frac{1}{\sqrt{3}}$ fache Netzspannung, aber der Strom im Netz ist gleich dem Phasenstrome. Mithin ist der Kurzschlußstrom (Anlaßstrom) bei Sternschaltung nur $^1/_3$ des Betrages bei Dreieckschaltung.

Daher ergibt sich ein durchschnittlicher Anlaufstrom vom 1,6 bis 2 fachen Betrage des Normallaststromes. Dabei ist das Anlaufdrehmoment durchschnittlich nur 56 vH des normalen.

2. Vorschaltwiderstände vor die Statorwicklung (Statoranlasser). Es wird sich im allgemeinen um induktionsfreie Widerstände handeln, die man zunächst ganz vor die drei Phasen schaltet, um sie dann allmählich abzuschalten.

Bei Stillstand hat der Motor pro Phase eine Impedanz von

$$Z_k = \sqrt{r_k^2 + R_{sk}^2}.$$

Wird nun vor jede Phase ein induktionsfreier Widerstand R geschaltet, so ist die gesamte Impedanz

$$Z = \sqrt{(R + r_k)^2 + R_{sk}^2}$$

und der Anlaufstrom

$$J_a = \frac{E_p}{Z} = \frac{E_p}{\sqrt{(R + r_k)^2 + R_{sk}^2}}. \tag{1}$$

Am Anlasser herrscht mithin die Spannung

$$E_R = E_p \cdot \frac{R}{\sqrt{(R + r_k)^2 + R_{sk}^2}} \tag{2}$$

und am Motor:

$$E_M = E_p \cdot \frac{\sqrt{r_k^2 + R_{sk}^2}}{\sqrt{(R + r_k)^2 + R_{sk}^2}}. \tag{3}$$

Somit ist der vorzuschaltende Widerstand pro Phase für einen gewünschten Anlaufstrom (1 bis 1,6 fach des Normalstromes)

$$\boxed{R = \sqrt{\left(\frac{E_p}{J_a}\right)^2 - R_{sk}^2} - r_k}. \tag{4}$$

Es ist ersichtlich, daß das Anlaufdrehmoment sehr klein ist. Soll der Anlaufstrom den normalen nicht überschreiten, so ist z. B. bei

5 vH Normallast-Schlupf das Anlaßdrehmoment auch nur 5 vH des Vollastmomentes, allerdings steigt es mit dem Quadrate des Vielfachen: $\frac{\text{Anlaßstrom}}{\text{Normalstrom}}$.

Man gebraucht daher die genannte Anlaßmethode nur noch selten und zwar bei kleinen Motoren.

3. Anlaßtransformator. Man benutzt meist einen Spartransformator mit mehreren Stufen. Damit eine brauchbare Wirkung erzielt wird, müssen die betreffenden Motoren einen großen Kurzschlußstrom, d. h. kleine Reaktanz aufweisen. Bei niedrigem Anlaufstrom erhält man beim Anzugmoment etwas günstigere Werte als bei Benutzung von Statoranlassern.

4. Allmähliches Steigern der Periodenzahl. Auf diese Art wird z. B. ein einziger großer Motor angelassen, der von einem Generator gespeist wird, wie es in Bergwerken sehr oft der Fall ist. Diese Anlaßmethode ist besonders dort am Platze, wo der Motor nur selten (täglich oder weniger oft) angelassen zu werden braucht.

Der Motor wird dann mit dem vollerregten Generator zusammen angelassen, d. h. beim Anlauf hat der Motor sowohl eine niedrige Spannung als auch kleine Periodenzahl. Nun ist aber der Kraftlinienfluß direkt proportional der Spannung und umgekehrt proportional der Periodenzahl, d. h. der Motor kann mit vollem Drehmoment anlaufen, ohne daß der Anlaufstrom den Normalstrom übersteigt.

B. Anlassen auf der Rotorseite.

Die Methode, die Anlaufstromstärke zu mildern, findet ihre häufigste Anwendung im Einschalten von Widerständen in den Rotorstromkreis. Die Widerstände können entweder außerhalb des Motors in einem Apparate (Anlasser) oder aber im Rotor selbst untergebracht werden. Die letzte Art (halb oder ganz automatisch) ist die seltenere, da sie die Maschine verteuert und die Zuverlässigkeit meist in Frage stellt.

In der Hauptsache kann man folgende Ausführungen unterscheiden:

1. Rotor mit Schleifringen und Anlasser,
2. Rotor mit eingebauten kleinen Widerständen ohne Schleifringe,
3. Rotor mit Anlauf- und Arbeitswicklung,
4. Rotor mit Gegenschaltung,
5. Rotor mit vergrößerter Reaktanz.

1. Rotor mit Schleifringen und Anlasser. Hierbei handelt es sich um die normale, allgemein gebräuchliche Anlaßart. Die drei in Stern oder Dreieck geschalteten Rotorphasen werden über Schleif-

ringe durch drei gleiche Widerstände mittels eines entsprechenden Hebels allmählich im Stern kurzgeschlossen. Bei einem zweiphasig gewickelten Rotor genügen auch beim Anlasser zwei Widerstände, während der Verkettungspunkt über den mittleren Schleifring zum doppelseitigen Kontakthebel geführt ist. Die Widerstände werden meist aus Nickelindraht oder Band hergestellt. Die Anzahl der Stufen beträgt im allgemeinen 3 × 5 bis 8. Auch werden Flüssigkeitsanlasser ausgeführt. Sie werden vorteilhaft in Prüfräumen, Laboratorien und für große Motoren verwendet.

Die Abstufung der Metallwiderstände erfolgt graphisch oder rechnerisch nach einer geometrischen Reihe ähnlich wie bei Gleichstromanlassern. Der Widerstand wird so bemessen, daß der Anlaufstrom in den Grenzen vom 1,1 bis 1,3fachen Betrage des Normallaststromes gehalten wird.

2. Rotor mit eingebauten Widerständen ohne Schleifringe. Bei geringer Stufenzahl wird bisweilen der Widerstand am Rotor angebracht. Dann tritt an Stelle der Schleifringe und Bürsten eine Kurzschlußvorrichtung, welche den eingebauten Widerstand in zwei bis drei Stufen kurzschließt. Anwendung erfolgt in verhältnismäßig geringem Maße und zwar in groben Betrieben, z. B. in der Landwirtschaft.

3. Rotor mit Anlauf- und Arbeitswicklung. Zur Erzielung eines hohen Rotorwiderstandes beim Anlauf und eines niedrigen bei Lauf ordnet man bisweilen zwei Wicklungen an, von denen die eine (mit hohem Widerstand) als Anlaufwicklung dauernd kurzgeschlossen ist, während die andere, offene Arbeitswicklung bei der letzten Anlaßstufung kurzgeschlossen wird. Die Anlaßwicklung wird meist als Käfigwicklung, die Nuten der dreiphasigen Arbeitswicklung mit benutzend, ausgeführt. Das Kurzschließen der letzteren kann durch Hand oder automatisch (Zentrifugalkraft) geschehen. Es gibt auch eine Reihe verschiedener Ausführungen, bei welchen nur eine Käfigwicklung angeordnet ist; es sind dann die Kurzschlußringe zwecks Erhöhung des Rotorwiderstandes geschlitzt, wobei die Verbindung der Kurzschlußringsegmente selbsttätig durch Zentrifugalhebel erfolgt, wenn der Motor auf Touren gekommen ist.

4. Rotor mit Gegenschaltung. Hierbei wird jede Rotorphase meist in zwei Teile verschiedener Windungszahl geteilt, welche beim Anlassen gegeneinander geschaltet werden, so daß nur die Differenz der EMK_e wirksam wird. Die Stromstärke beim Anlassen und beim Umschalten ist durchschnittlich 3mal so groß wie der Normallaststrom.

5. Rotor mit vergrößerter Reaktanz. Durch Einschalten von Drosselspulen in den Rotorstromkreis wird das Anzugmoment sowie

die maximale Leistung unliebsam verkleinert. Zur Verbesserung der Einschaltverhältnisse muß gleichzeitig mit der Reaktanz induktionsfreier Widerstand eingeschaltet und nach dem Anlassen die Rotorwicklung kurzgeschlossen werden.

5. Der Wicklungsfaktor c.

Durch die Eigenart der Nutenwicklungen erfahren die Induktionen in ihrem Verlauf einer Abweichung von der Sinusform (Abb. 3), wie aus nebenstehender Ableitung hervorgeht. — Eine Spule vom Umfassungsbereich b werde mit gleichförmiger Geschwindigkeit durch eine Sinusfläche hindurchbewegt. In irgend einem Augenblicke sei die Mitte einer Spulenseite in der Stellung α angelangt.

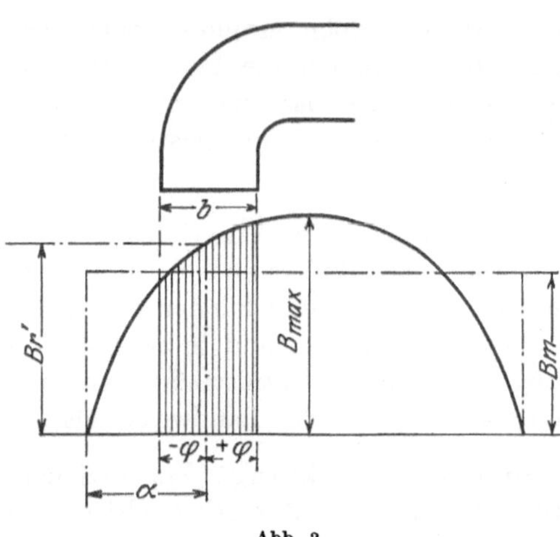

Abb. 3.

Wenn $b = 2\varphi$, so setzt die Fläche auf die Mitte bezogen mit $-\varphi$ ein und hört mit $+\varphi$ auf. Der momentane Mittelwert der Induktion wäre dann

$$Br' = \frac{F}{b} = \frac{F}{2\varphi}.$$

Es ergibt sich dann für die Fläche

$$F = B_{max} \int_{\alpha-\varphi}^{\alpha+\varphi} \cdot \sin\alpha \cdot d\alpha.$$

$$F = B_{max} \cdot [\cos(\alpha - \varphi) - \cos(\alpha + \varphi)]$$

oder

$$F = 2\,B_{max} \cdot \sin\alpha \cdot \sin\varphi.$$

Nun ist aber der maximale Wert

$$B_{max} = \frac{B_{mittel}}{\sin\alpha}, \quad \text{d. h.} \quad F = \frac{2 \cdot B_{mittel} \cdot \sin\alpha \cdot \sin\varphi}{\sin\alpha}.$$

$$Br' = \frac{F}{2\varphi} = \frac{2\,B_m \cdot \sin\alpha \cdot \sin\varphi}{2\,\varphi \cdot \sin\alpha}.$$

oder

$$\boxed{Br' = B_m \cdot \frac{\sin\varphi}{\varphi}}. \tag{5}$$

Das Verhältnis $\frac{\sin\varphi}{\varphi} = c$ kann als Wicklungsfaktor bezeichnet werden. Er gibt an, wieviel von der Sinusfläche bei irgend einer Wechselstromwicklung wirksam ist.

Der Umfassungsbereich ist bei einer Dreiphasenwicklung pro Spulenseite (in elektrischen Graden) $\frac{360}{6} = 60^{\circ} = b = 2\,\varphi$ oder $\varphi = \frac{60}{2} = 30^{\circ}$. Wicklungsfaktor $c = \frac{\sin\varphi}{\varphi} = \frac{0,5}{\frac{\pi}{6}} = \frac{3}{\pi} = \mathbf{0,96}$.

6. Ableitung einer Dimensionierungs-Formel.

Für die Berechnungen bzw. den Entwurf einer guten, konkurrenzfähigen Maschine sind folgende Punkte grundlegend:

1. Geringe Materialkosten,
2. Geringe Herstellungskosten,
3. Zulässige Temperaturerhöhung,
4. Hoher Leistungsfaktor,
5. Hoher Wirkungsgrad,
6. Ausreichende Überlastbarkeit,
7. Große Betriebssicherheit.

Geringe Materialkosten werden erzielt durch gute Nutendisposition und Konstruktion sowie durch möglichst hohe Eisen- und Kupferbeanspruchungen.

Geringe Herstellungskosten sind gewährleistet durch einfache Konstruktion, ferner durch Normalisierung und Schablonisierung, d. h. auch durch vielseitige Verwendung von Nutenschnitten und Gehäusen.

Zulässige Temperaturerhöhung wird gesichert durch angemessene Kupfer- und Eisenbeanspruchungen auf Grund von Erfahrungswerten, des weiteren durch gute Luftzirkulation und Oberflächenabkühlung.

Hoher Leistungsfaktor wird durch geringe Streuung und durch Verwendung magnetisch hochwertiger Bleche bei angemessener Induktion erzielt.

Hoher Wirkungsgrad, d. h. geringer Verlust, ist die Folge von günstigen Beanspruchungen, geringen Blechstärken und mäßigen Zapfendimensionen.

Ausreichende Überlastbarkeit wird durch mäßige Impedanz und kleinen Leerlaufstrom erreicht.

Große Betriebssicherheit ist die Folge von guten Isolationsverhältnissen und der Erfüllung von Punkt 3.

Bei der Berechnung handelt es sich also im wesentlichen zunächst darum, die Kupfer-, Eisen- und linearen Beanspruchungen so festzulegen, daß die vorgenannten Bedingungen erfüllt werden. Die drei Beanspruchungsgrößen sind durch Erfahrungen genau bekannt.

Den Ausgangspunkt bildet die bekannte Grundformel der Wechselstromtechnik:

Effektive Phasenspannung

$$\boxed{E_p' = 4{,}44 \cdot \Phi \cdot w \cdot f \cdot 10^{-8} \text{ Volt.}} \tag{6}$$

Anstatt Windungen $2 \cdot w$ = Anzahl der Drähte z_1 gesetzt, ergibt

$$E_p' = 2{,}22 \cdot \Phi \cdot z_1 \cdot f \cdot 10^{-8} \text{ Volt.} \tag{7}$$

Unter Berücksichtigung des bereits genannten Spulenfaktors ergibt sich dann die Beziehung

$$E_p' = 2{,}22 \cdot 0{,}96 \cdot \Phi \cdot z_1 \cdot f \cdot 10^{-8} \text{ Volt.} \tag{8}$$

Rechnerisch brauchbare Werte eingeführt:

$$\Phi = B_l \cdot Q_l; \quad Q_l = \frac{D \cdot \pi \cdot l_i}{2p}; \quad l_i = D \cdot \lambda.$$

Unter praktischer Verwertung einer linearen Beanspruchungsgröße AS = Amperedrähte pro cm Umfang ist die Drahtzahl pro Phase

$$z_1 = \frac{AS \cdot D \cdot \pi}{3 \cdot J_p}. \tag{9}$$

Ferner ist die Periodenzahl $f = \frac{n' \cdot p}{60}$.

$$B_l = B_{l\,max} \cdot \frac{2}{\pi}.$$

Alle Werte in die Grundformel eingesetzt, ergibt

$$E_p' = 2{,}13 \cdot B_{l\,max} \cdot \frac{2}{\pi} \cdot \frac{D \cdot \pi}{2p} \cdot D \cdot \lambda \cdot \frac{AS \cdot D \cdot \pi}{3 \cdot J_p} \cdot \frac{n' \cdot p}{60} \cdot 10^{-8} \text{ Volt.}$$

Daraus ist die Bohrung

$$\boxed{D = \sqrt[3]{\frac{17 \cdot E_p' \cdot J_p \cdot 10^8}{\frac{2}{\pi} \cdot B_{l\,max} \cdot n' \cdot AS \cdot \lambda}}} \tag{10}$$

oder

$$\boxed{D = \sqrt[3]{\frac{26{,}7 \cdot E_p' \cdot J_p \cdot 10^8}{B_{l\,max} \cdot n' \cdot AS \cdot \lambda}}}. \tag{11}$$

Nach DJN erfolgt Abrundung von D auf volle 5 mm.

Die effektive Phasenspannung ergibt sich mit

$$E_p' = E_p - \varepsilon,$$

worin ε den effektiven Spannungsabfall darstellt.

7. Die Beanspruchungen.

Für die Beanspruchungen bzw. Erfahrungszahlen wählt man bei normalen Motoren, offener Bauart und Dauerleistung:

kW (Abgabe)	Synchrone Grund-drehzahl	$B_{l\,max}$	AS	ε in %	Stromdichte A/mm² s_1	s_2	η	$\cos\varphi$
0,1 bis 1	3000	4800 bis 5700	90 bis 140	11 bis 6	4,4 bis 4	6,7 bis 5,8	0,7 bis 0,81	0,70 bis 0,80
1,1 bis 7,5	1500	5700 bis 6400	140 bis 200	6 bis 4	4 bis 3,7	5,8 bis 5,1	0,80 bis 0,86	0,80 bis 0,85
7,6 bis 25	1000	6400 bis 6700	200 bis 260	4 bis 3	3,7 bis 3,5	5,1 bis 4,8	0,85 bis 0,89	0,83 bis 0,88
26 bis 100	750	6700 bis 6900	260 bis 310	3 bis 2	3,5 bis 3,3	4,8 bis 4,5	0,88 bis 0,91	0,87 bis 0,91
101 bis 1000	500	∼ 7000	310 bis 360	∼ 2	∼ 3,2	4,5 bis 4,4	0,92 bis 0,93	0,90 bis 0,93
über 1000	300	∼ 7200	360 bis 400	∼ 1,5	∼ 3	4,4 bis 4,2	0,93 bis 0,94	∼ 0,93

Vorstehende Angaben beziehen sich auf Grunddrehzahlen, d. h. auf solche Drehzahlen, für welche die betreffenden Motoren durchschnittlich ausgeführt werden (Normaltouren).

Aber auch für Motoren mit anderen Drehzahlen lassen sich die Daten in dieser Tabelle verwerten, wenn man die Leistung entsprechend reduziert.

Es soll z. B. ein Motor für 15 kW, etwa 1500 U/m, berechnet werden. Für diese bzw. ähnliche Leistung liegt die Grunddrehzahl tiefer. Es verhält sich $15:1500 = 10:1000$, d. h. 10 kW, 1000 U/m ist an Größe (mechanische Dimension) 15 kW, 1500 U/m gleichwertig. Die Annahmen können daher für 10 kW, etwa 1000 U/m gemacht werden:

$$AS = 220, \quad B_{l\,max} = 6500; \text{ usw.}$$

Für die Eisenbeanspruchungen kommen folgende Maximalwerte der Induktionen in Frage (bei 0,1 bis etwa 1000 kW, bzw. 45 bis 60 Perioden):

Statorrücken: 9 000 bis 13 000 Gauß,
Rotorrücken: 9 500 „ 13 500 „
Statorzähne: 14 000 „ 20 000 „
Rotorzähne: 14 500 „ 22 000 „
(ausnahmsweise bis 28 000).

Bei niedrigen Periodenzahlen (15 bis 42,5) können die Induktionen noch um 8 bis 12 vH gesteigert werden.

Die neuesten Erfahrungen haben gelehrt, daß man bei den Zahninduktionen der Rotoren wesentlich höher gehen kann, als man es bisher gewagt hat. Dafür ergab sich folgende Begründung: Bei sehr hohen Sättigungen wird ein verhältnismäßig großer Teil von Kraftlinien heraus in die Luft gedrängt, so daß die wirksame Induktion im Zahneisen bedeutend geringer wird. Eine Vergrößerung der gesamten Eisenverluste findet kaum merklich statt, da für den Rotor nur die Schlupffrequenz in Frage kommt. Allerdings wird trotz Kraftlinienverdrängung der Magnetisierungs- und damit auch der Leerlaufstrom gesteigert, wodurch letzten Endes die Induktion begrenzt wird.

Bei Neuberechnung von Asynchronmotoren wird man immer eine sogenannte Typenreihe festlegen, d. h. für drei oder mehr verschiedene Leistungen denselben Rotordurchmesser, d. h. denselben Blechschnitt bei verschiedenen Paketlängen verwenden. Im allgemeinen gilt das nur für eine Leistungsreihe gleicher Drehzahl. Bei im Zahlenwert naheliegenden Polzahlen (z. B. bei sechs- und achtpoliger Ausführung) kann man ebenfalls gleichen Blechschnitt verwenden. Ausgeschlossen ist es aber, Blechschnitte für vierpolige Ausführung (1500 U/m) auch für zweipolige (3000 U/m) zu verwenden, da im letzteren Falle die Rückenduktionen doppelt so groß als bei vierpoliger Ausführung werden würden.

8. Längenverhältnisse und Umfangsgeschwindigkeiten.

Der Buchstabe λ gibt das Längenverhältnis von wirksamer Blechpaketlänge zur Bohrung an. Bei Festlegung ganzer Typenreihen wird man für die größte Leistung einer Type λ annähernd $= 1$ annehmen, um das Gehäuse möglichst auszunutzen. Bei Einzelleistungsmaschinen ist nur bei kleinen Leistungen λ annähernd 1 zweckmäßig, bei mittleren Leistungen dagegen wird man $\lambda = 0{,}5$ bis 0,9 wählen, um das Maschinengewicht auf ein Minimum und die Umfangsgeschwindigkeit auf ein Maximum zu bringen.

Große Langsamläufer werden mit Längenverhältnissen $\lambda = 0{,}1$ bis 0,4 ausgeführt.

Normale Umlaufsgeschwindigkeiten liegen etwa zwischen 10 und 45 m/sek; letztere können bei besonderen Vorsichtsmaßnahmen noch wesentlich gesteigert werden.

Bei den Berechnungen unterscheiden wir grundsätzlich vier Längen:

1. l_a = aktive Eisenlänge (das wäre die Länge der zusammengeschichteten, unisolierten Eisenbleche).

2. l_i = ideelle Eisenpaketlänge, d. i. die für die Kraftlinien wirksame Eisenlänge; sie setzt sich zusammen aus der aktiven Eisenlänge l_a und einer zusätzlichen Länge, welche der Vergrößerung des

Kraftflusses infolge Austrittes in die Luft, besonders bei Anordnung von Luftschlitzen zwischen den Paketen entspricht.

3. l = wirkliche Länge des Eisenpakets bzw. aller Pakete zusammen genommen.

4. l_1 = gesamte Anker- bzw. Rotorlänge, mit Luftschlitzen gemessen. Normalerweise sollen die Längenverhältnisse für Stator und Rotor gleich sein. Wenn ausnahmsweise der Rotor vom Stator abweicht, wird es durch Index gekennzeichnet werden (l').

Durchschnittlich verhält sich $l_a : l$ wie 1 : 1,1.

9. Wirkungsgrade, Leistungsfaktoren, Kippmomente.

Nach den DJ-Normen sollen für normale, offene Drehstrommotoren mit Schleifringläufer folgende Werte (Wirkungsgrad, Leistungsfaktor) mindestens erfüllt werden.

Nennleistung		Wirkungsgrad in vH für Drehzahl						Leistungsfaktor für Drehzahl					
kW	PS etwa	3000	1500	1000	750	600	500	3000	1500	1000	750	600	500
1,1	1,5			76	74					0,71	0,66		
1,5	2		80	78	76				0,80	0,74	0,69		
2,2	3	81	81	80	78			0,86	0,82	0,76	0,72		
3	4	82	82,5	81,5	79,5			0,86	0,83	0,78	0,75		
4	5,5	82,5	84	82,5	80,5			0,86	0,84	0,80	0,77		
5,5	7,5	82,5	85	83,5	81,5			0,87	0,84	0,82	0,79		
7,5	10	83,5	85,5	84,5	84	84		0,87	0,85	0,83	0,81	0,79	
11	15	84,5	86	86,5	85	85	84	0,88	0,86	0,84	0,82	0,80	0,77
15	20	85,5	88	87	85,5	86	85,5	0,89	0,87	0,85	0,84	0,81	0,78
22	30	88	88,5	88	87,5	87	86,5	0,90	0,88	0,86	0,85	0,82	0,79
30	40	89	89,5	89	88,5	88	87,5	0,90	0,89	0,87	0,86	0,83	0,81
40	55	89,5	90	89,5	89,5	89	88,5	0,90	0,90	0,88	0,87	0,84	0,82
50	68	90	90,5	90,5	90	89,5	89	0,91	0,90	0,88	0,87	0,85	0,83
64	87	90,5	91	91	90,5	90	89,5	0,91	0,90	0,89	0,88	0,86	0,84
80	110	90,5	91	91	91	90,5	90,5	0,91	0,90	0,89	0,88	0,86	0,85
100	136	91	91,5	91,5	91,5	91	91	0,91	0,90	0,89	0,88	0,86	0,85
125	170	91,5	92	92	91,5	91,5	91,5	0,92	0,91	0,90	0,89	0,87	0,86
160	217	92	92,5	92,5	92	92	92	0,92	0,91	0,90	0,89	0,87	0,86
200	271	92,5	93	93	92,5	92,5	92,5	0,92	0,91	0,90	0,89	0,88	0,86
250	339	93	93,5	93,5	93	93	93	0,92	0,91	0,90	0,89	0,88	0,87

Die Ausführung der Motoren über der ausgezogenen Stufenlinie ist normal ohne Bürstenabheber (Kurzschluß- und Bürstenabhebevorrichtung). Die Motoren unterhalb der Stufenlinie sind normal mit Bürstenabheber. Bei Ausführung mit aufliegenden Bürsten sind die in der Tabelle angegebenen Wirkungsgrade zu vermindern

bei einer Leistung bis zu 22 kW um 1,5 vH
von 30 bis zu 100 kW „ 1 vH
von 100 bis zu 250 kW „ 0,5 vH.

Des weiteren soll bei den normalen Motoren ein gewisses Kippmoment (d. i. Verhältnis von Maximal- zu Normalleistung) erreicht werden.

Das Kippmoment soll mindestens

2 bis 2,5

betragen bei Motoren von 1 bis 15 kW bei etwa 3000 bis etwa 1000 U/m sowie bei Motoren von 22 bis 250 kW bei etwa 3000 bis etwa 500 U/m ferner

1,6 bis 2

bei Motoren von 1 bis 15 kW bei etwa 750 bis etwa 500 U/m.

Vorgenannte Werte lassen sich bei gut disponierten Maschinen ohne Schwierigkeit erreichen. Bei Kurzschlußläufermotoren erzielt man leicht Kippmomente über 2,5.

10. Kurven zur direkten Größenbestimmung (Taf. 1 u. 2).

Dem Verfasser ist es gelungen, Kurven zu entwerfen, die es ermöglichen, direkt Rotordurchmesser und Paketlängen für beliebige Leistungen bei jedem Längenverhältnis zu entnehmen oder auch bei gegebenem Blechschnitt und Paketlänge sofort die Leistung und schließlich bei festgelegter Baulänge den Rotordurchmesser für eine verlangte Leistung zu bestimmen.

Sie gestatten also dem Anfänger schnell eine Kontrolle seiner Rechnung und ersparen ihm jedes zeitraubende Probieren. Der Praktiker findet wesentliche Vereinfachung seiner Arbeit und hat die Möglichkeit schnellen Entwerfens ganzer Typenreihen.

Anleitung zum Gebrauch der Kurven. Die Kurven sind für mehrere Leistungsreihen entworfen und besitzen in Taf. 1 zwei Ordinaten, eine Abszisse sowie Hilfsstrahlen für alle Längenverhältnisse $l_i : D$. Die Abszisse ist für die Läuferdurchmesser (bzw. Statorbohrungen) eingeteilt, die linke Ordinate für die ideellen Paketlängen und die rechte Ordinate für die Leistungen in kW. In Taf. 2 befinden sich die Leistungswerte ebenfalls auf einem geneigten Strahl. Die Benutzung der Kurven soll an einem kleinen Beispiel erläutert werden (Taf. 1).

Es seien für einen Drehstrommotor normaler, offener Bauart, 5 kW, etwa 1500 U/m bei einem Längenverhältnis $l_i : D = 1$ die Hauptdimensionen verlangt. Man verfolge die Kurve, bei der rechten Ordinate

5 kW beginnend nach oben bis zum Schnittpunkt mit dem λ-Strahl 1. Senkrechte auf der linken Ordinate geben die Länge mit 153 mm, die Senkrechte auf der Abszisse den Rotordurchmesser D = 155 mm an.

Bei Zwischenleistungen ist es nicht schwer sich entsprechende Kurven zu ziehen und in gleicher Weise die verlangten Werte aufzusuchen.

11. Die Verluste.

Wir unterscheiden folgende Verluste:

I. Eisenverluste.
II. Stromwärmeverluste.
III. Reibungsverluste.

In der Hauptsache treten die Eisenverluste als Hysteresis- und Wirbelstromverluste auf, welche vor allen Dingen im Statorpaket bei der Grundfrequenz sind. Da im Rotor nur Schlupffrequenz herrscht, sind die normalen Hysteresis- und Wirbelstromverluste hier rechnerisch so gering, daß sie vernachlässigt werden können. Außer den von dem Hauptfeld erzeugten Eisenverlusten werden noch durch Oberwellen Wirbelstromverluste erzeugt. Diese entstehen durch die Bewegung der Rotorzähne gegenüber den Statorzähnen. Man bezeichnet sie als „Zusätzliche Eisenverluste" und trennt sie in Oberflächen- und Zahnpulsationsverluste. Ihre Berechnung erfolgt verhältnismäßig umständlich; bei kleinen Maschinen sieht man im allgemeinen auch von einer besonderen Berechnung ab, nachdem man im Durchschnitt die zusätzlichen Verluste mit 45 bis 70 vH der vom Statorfeld erzeugten Haupteisenverluste erwarten darf, wenn es sich um normale, halbgeschlossene Nuten handelt.

Die Berechnung geschieht wie folgt:

1. Hysteresisverluste im Statorkern.

$$\boxed{W_H = \eta' \cdot B_{max}^{1,6} \cdot f \cdot V \cdot 10^{-7}\ \text{Watt}} \quad \text{(nach Steinmetz).} \qquad (12)$$

Güteverhältnis des Eisens $\eta' = 0{,}001$ bis $0{,}002$.
V = Volumen des Eisenbleches in cm^3.

2. Hysteresisverluste in den Statorzähnen. Die Berechnung erfolgt wie vor, wenn die Zähne annähernd konstante Breite besitzen (trapezförmige Nut). Bei trapezähnlichen Zähnen wäre zu rechnen:

$$\boxed{W_{HZ} = \eta' \cdot k_H \cdot B_{Z_{min}}^{1,6} \cdot f \cdot V_Z \cdot 10^{-7}\ \text{Watt}}. \qquad (13)$$

$$\text{Nach „Arnold" ist: } k_H = 5 \left[\frac{1 - \left(\frac{Z_{min}}{Z_{max}}\right)^{0,4}}{1 - \left(\frac{Z_{min}}{Z_{max}}\right)^{2}} \right]. \qquad (14)$$

V_Z = Gesamtes Zahneisenvolumen in cm^3.

3. Wirbelstromverluste im Statorkern.

$$\boxed{W_{Wk} = 1{,}7 \cdot V_k \cdot B_a^2 \cdot \delta_b^2 \cdot f^2 \cdot 10^{-13}\ \text{Watt}}. \tag{15}$$

δ_b = Blechstärke in mm.
V_k = Statorkern — Volumen in cm³.

4. Wirbelstromverluste in den Statorzähnen.
Bei konstantem Zahnquerschnitt wie vorher zu berechnen.
Bei trapezähnlichen Zähnen:

$$\boxed{W_{WZ} = k_w \cdot 1{,}7 \cdot V_Z \cdot B_{Z_{min}}^2 \cdot \delta_b^2 \cdot f^2 \cdot 10^{-13}\ \text{Watt}}. \tag{16}$$

$$k_w = \frac{4{,}6}{1 - \left(\frac{Z_{min}}{Z_{max}}\right)^2} \lg\left(\frac{Z_{max}}{Z_{min}}\right). \tag{17}$$

5. Oberflächenverluste im Stator und Rotor.

$$\boxed{W_O = 0{,}09 \left(\frac{Bl}{1000}\right)^2 \cdot v^{1,5} \left[0{,}007\, O_S \cdot \frac{t_r}{\sqrt{r_r}} + 0{,}006\, O_r \cdot \frac{t_s}{\sqrt{r_3}}\right]}. \tag{18}$$

O_S = Oberfläche der Statorzähne in dm².
O_r = Oberfläche der Rotorzähne in dm².
t_s = Zahnteilung an der Statorbohrung in cm.
t_r = Rotorteilung am Umfang in cm.
r_3 = Statornutenschlitz in cm.
r_r = Rotornutenschlitz in cm.

6. Die Zahnpulsationsverluste können im Durchschnitt mit 70 vH der vorgenannten Oberflächenverluste gerechnet werden, bei hohen Zahnsättigungen kann man 75 bis 80 vH einsetzen.

7. Die Stromwärmeverluste treten im Stator- sowie Rotorkupfer auf.

Es ist im Stator

$$\boxed{W_{Cu_1} = 3 \cdot J_p^2 \cdot r_1} \tag{19}$$

und im Rotor

$$\boxed{W_{Cu_2} = 3 \cdot J_2^2 \cdot r_2}. \tag{20}$$

Bei Berechnung der Leerlaufverluste ist in die erste Formel der Leerlaufstrom i_0 an Stelle von J_p einzusetzen, d. h. der Stromwärmeverlust bei Leerlauf ist

$$W_{Cu_0} = 3 \cdot i_0^2 \cdot r_1$$

oder mit großer Annäherung: $= 3 \cdot i^2 \cdot r_1$.

8. Die Lagerreibungsverluste. Diese Verluste steigen etwa mit der 1,5ten Potenz der Zapfengeschwindigkeit und können wie folgt berechnet werden:

$$\boxed{W_{La} = 0{,}7 \cdot d_z \cdot l_z \cdot \sqrt{v_z^3} \text{ Watt}} \cdot \qquad (21)$$

d_z = Zapfendurchmesser in cm.
l_z = gesamte Zapfenlänge in cm.
v_z = Umfangsgeschwindigkeit der Zapfen in m/sek.

9. Die Verluste durch Luftreibung. Dieselben lassen sich rechnerisch nicht genau ermitteln. Sie können mit 30 bis 40 vH der Lagerreibungsverluste berücksichtigt werden.

10. Verluste durch Schleifringreibung.

$$W_r = 9{,}81 \cdot v_s \cdot F_b \cdot g \cdot f_r . \qquad (22)$$

v_s = Umfangsgeschwindigkeit am Schleifringumfang in m/sek.
F_b = Reibende Bürstenfläche in cm^2.
g = Spezifischer Bürstendruck in g/cm^2.
f_r = Reibungskoeffizient (Kohle auf Kupfer etwa 0,2).

12. Die Rotorspannung.

Die zwischen Grundfeld und Rotorwicklung herrschende relative Geschwindigkeit hat durch Induktion EMKe am Rotor zur Folge.

Ist z_2 die in Serie geschaltete Drahtzahl einer Rotorphase, f_2 die Schlupffrequenz $\left(f_2 = \frac{p \cdot n_s}{60}\right)$, c der Wicklungsfaktor, so ist die vom Grundfelde induzierte EMK einer Phase

$$\boxed{e_p = \frac{\pi}{2} \cdot f_2 \cdot z_2 \cdot c \cdot \Phi \cdot 10^{-8} \text{ Volt}} . \qquad (23)$$

Da die Rotorwicklung bei Dreiphasenausführung der Statorwicklung sehr ähnlich ist, kann man im allgemeinen dieselbe Zahl als Wicklungsfaktor einsetzen (0,96).

Sofern die Rotorphasen in Stern geschaltet sind, kann in der Wicklung kein Strom fließen, solange die Schleifringe nicht direkt oder über Widerstände miteinander verbunden sind.

Bei einer ringförmig geschlossenen Dreieckschaltung heben sich die induzierten EMKe gegenseitig auf, da die Summe der in den drei Phasen induzierten EMKe gleich Null ist.

Es fließt also auch hier kein Strom, solange die Schleifringe offen sind. Bei außen geschlossener Rotorwicklung kann in derselben ein Mehrphasenstrom mit Schlupffrequenz fließen, ein magnetisches Drehfeld erzeugend, dessen Grundfeld mit der Schlupfdrehzahl relativ zum Rotor rotiert.

Die maximale Rotorspannung haben wir nur bei Stillstand, z. B. kurz vor dem Anlassen, da hier Rotorfrequenz gleich Statorfrequenz ist, d. h. es herrscht reine Transformatorwirkung. Während des Anlassens sinkt diese Spannung allmählich mit der abnehmenden, relativen Geschwindigkeit. Hat man z. B. bei Normallast 4 vH Schlupf, so würde die jeweilige Rotorspannung auch nur 4 vH der maximalen betragen, bei Entlastung bis zum Leerlauf schließlich fast 0 werden.

Bei der Berechnung der Rotoranlasser ist nur die Stillstandspannung (maximale) von Bedeutung. Um die Isolationsverhältnisse bei den Anlassern nicht zu ungünstig zu gestalten, überschreitet man bei der maximalen Rotoraußenspannung im allgemeinen 200 Volt nicht; bei kleineren und mittleren Motoren erscheinen die Spannungen zwischen 80 und 160 Volt besonders günstig. Mit der Spannung wiederum wesentlich tiefer zu gehen, ist deswegen nicht angängig, weil sonst die Stromstärken zu hoch und die Bürstenverhältnisse ungünstig werden.

Nach „Blanc“ läßt sich auch die günstigste, sternverkettete Rotorspannung mit folgender Formel berechnen.

$$E_2 = \frac{n_s \cdot B_{l\,max} \cdot l_p \cdot h \cdot (a \cdot N_{II})^2}{\sqrt{6} \cdot \beta \cdot 10^8} \text{ Volt}, \tag{24}$$

wobei:

n_s = sekundliche Drehzahl des Feldes (synchrone Geschwindigkeit).

$B_{l\,max}$ = Maximalwert der Luftinduktion (bei sinoidaler Feldverteilung).

l_p = wirkliche Paketlänge.

h = lichte Nutenhöhe.

a = Drahtlagenzahl pro Nut in Richtung der Nutenbreite.

N_{II} = totale Nutenzahl des Rotors.

β = Verhältnis der größten Nutenbreite zur entsprechenden Nutenteilung.

13. Berechnung der Amperewindungen für Stator- und Rotorkern.

$(aw_{k_1} \cdot l_{k_1} + aw_{k_2} \cdot l_{k_2})$.

An den Zahnfußkreisen teilt sich der Kraftfluß in der jeweiligen Polmitte, um nach beiden Seiten gleichmäßig nach krummen Linien in den Eisenkernen zu verlaufen. Aus der Abb. 4 ist ersichtlich, daß die Induktion auf dem Kernweg nicht konstant sein kann. Das Maximum liegt unter der Feldstärke 0. Die maximale Induktion ist

$$B_{a\,max} = \frac{\Phi}{2 l_i \cdot h}. \tag{25}$$

(h = Kernhöhe des Bleches.)

Die veränderliche Induktion kann für die dazugehörige AW-Zahl so wie bei den Induktionen trapezförmiger Zähne rechnerisch Berücksichtigung finden. Wie sich die Induktion bei Zähnen durch Querschnittsvergrößerung verringert, nimmt sie im Kern durch Abzweigung von Kraftlinien ab.

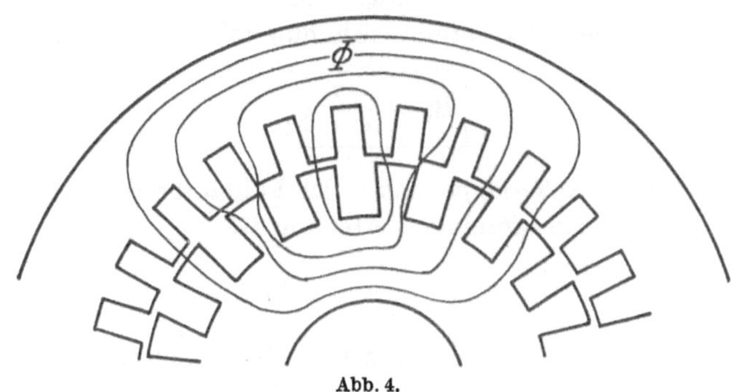

Abb. 4.

Mithin ergibt sich auch hier nach dem Satz von Simpson

für den Statorkern $aw_{k_1} \cdot l_{k_1} = l_{k_1} \cdot \frac{aw_{k\,min} + 4\,aw_{k\,mittel} + aw_{k\,max}}{6}$. (26)

Da $AW_{k\,min} \cong 0$ ist, ergibt sich die vereinfachte Beziehung:

$$aw_{k_1} \cdot l_{k_1} = l_{k_1} \cdot \frac{4\,aw_{k\,mittel} + aw_{k\,max}}{6}. \quad (27)$$

Die Länge des mittleren Kraftlinienweges bestimmt man aus der Zeichnung (Abb. 5) oder angenähert rechnerisch für den Statorkern aus

$$l_{k_1} = \pi \cdot \frac{D\,a - h}{2p}$$

und für den Rotorkern

$$l_{k_2} = \pi \cdot \frac{D\,z - h}{2p},$$

worin D_z den Durchmesser des Fußkreises der Rotorzähne bedeutet.

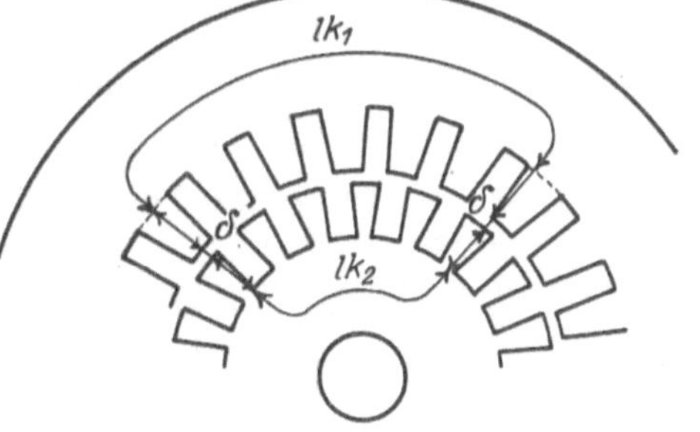

Abb. 5.

$aw_{k\,max}$ wird nun zu $B_{a\,max}$ aus der Magnetisierungskurve gesucht, $aw_{k\,mittel}$ aus $B_{a\,mittel}$, welches die Beziehung hat:

$$B_{a\,mittel} = \frac{B_{a\,max}}{2},$$

nachdem $B_{a\,min} \cong 0$ ist.

14. Berechnung der Amperewindungen für den Luftspalt.

Die ursprünglich angenommene, sich auf Erfahrungswerte gründende Luftinduktion wird sich nicht immer genau erfüllen lassen. Abweichungen der rechnerischen von der angenommenen Größe werden im allgemeinen bis zu $\pm$ 5 vH zulässig sein.

Der rechnerische Wert ergibt sich nun mit

$$\boxed{B_l = \frac{\Phi}{\alpha \cdot \tau \cdot l_i}} \tag{28}$$

worin l_i die ideelle Ankerlänge und α der Füllfaktor der Feldkurve ist.

Für eine reine sinusförmige Verteilung ist

$$\alpha = \frac{2}{\pi} = 0{,}637.$$

Nun wird aber bei gesättigten Zähnen die Induktionskurve abgeflacht, so daß der tatsächliche Füllfaktor der Feldkurve eine kleine Änderung erfährt.

Nachdem die gesamte MMK aus einem mit der Feldstärke proportionalen und einem ihr nicht proportionalen Teil besteht (AW-Luftspalt bzw. AW-Zähne) so ergibt sich für die Abflachung der Feldkurve und für den Füllfaktor α eine Abhängigkeit von einem Faktor

$$k_z = \frac{AW_l + AW_z}{AW_l} = 1 + \frac{AW_z}{AW_l}. \tag{29}$$

Der tatsächliche Füllfaktor der Feldkurve α' kann nun nach folgender, empirisch gefundenen Beziehung bestimmt werden

$$\alpha' = \alpha + \frac{k_z - 1}{18}. \tag{30}$$

Nachdem man eine Vorberechnung mit $\alpha = \frac{2}{\pi}$ für die einzelnen Induktionen und die Luft- und Zahn-AW ausgeführt hat, erhält man k_z und daraus α', womit die tatsächlichen Induktionen und Amperewindungen festgelegt sind.

Dabei ist zu berechnen:

$$B_l = \frac{\Phi}{\alpha' \cdot \tau \cdot l_i}.$$

$$\boxed{AW_l = 0{,}8 \cdot k_s \cdot B_l \cdot 2\delta}\,, \tag{31}$$

worin mit k_s der Mehraufwand an Amperewindungen beim Übergang der Kraftlinien an den Nutenschlitzen berücksichtigt wird. Bei den geläufigen Nutenschlitzen von im Mittel 2,5 bis 5 mm ist $k_s = 1{,}10$ bis 1,05 (kleine bis große Maschinen) zu setzen.

15. Berechnung der Amperewindungen $(aw_{z_2} \cdot l_{z_2} + aw_{z_1} \cdot l_{z_1})$ für die Zähne.

Sofern die maximale Zahninduktion $\leqq 18000$ ist, kann angenommen werden, daß annähernd der ganze Kraftlinienfluß durch das Zahneisen verläuft, d. h. die Berechnung verläuft normal.

Mithin ist bei rechteckiger Nut:

$$Bz_{min} = \frac{\Phi}{Qz_{max}},$$

$$Bz_{mitt.} = \frac{\Phi}{Qz_{mitt.}},$$

$$Bz_{max} = \frac{\Phi}{Qz_{min}}.$$

Nachdem die zu diesen Induktionen gehörigen AW-Zahlen aus der Magnetisierungskurve bestimmt sind, kann man sie nach Abb. 6 über der Zahnlänge l_z auftragen. Daraus bekommt man nach dem Satz von Simpson, da die Kurve parabelförmig verläuft:

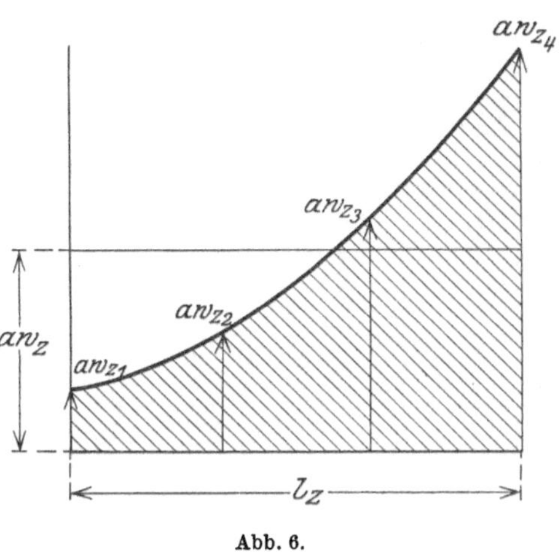

Abb. 6.

$$aw_z \cdot l_z = l_z \cdot \frac{aw_{z_{min}} + 4\, aw_{z_{mitt.}} + aw_{z_{max}}}{6}. \quad (32)$$

Bei kleineren Maschinen, vor allen Dingen bei solchen mit Drahtstärken $\angle$ 2 mm Durchmesser wird man die Statornuten sehr oft trapezähnlich ausführen, so daß die Zahnquerschnitte annähernd konstant bleiben. Dann vereinfacht sich die Rechnung wesentlich, da nur mit einer Induktion gerechnet werden braucht und sich direkt $aw_z \cdot l_z$ ergibt.

Sofern die maximale Zahninduktion 18000 übersteigt, genügt der vorher geschilderte Rechnungsgang nicht, da bei hohen Kraftliniendichten ein nennenswerter Teil der Kraftlinien in den Nutenraum gedrückt wird, d. h. Zahn und Nutenraum sind magnetisch parallel geschaltet. Damit nun die Zahninduktion nicht zu groß ausfällt, muß die Leitfähigkeit des Nutenraumes mit berücksichtigt werden. Dies geschieht durch einen Faktor k_3 (nach Hobart).

Es ist:
$$k_3 = \frac{\text{Luftquerschnitt}}{\text{Eisenquerschnitt}} = \frac{l_1 \cdot t - la \cdot b_z}{la \cdot b_z}. \quad (33)$$

t = Zahnteilung an der betrachteten Stelle.
b_z = Zahnbreite an der betrachteten Stelle.

B_x
38000
36000
34000
32000
30000
28000
26000
24000
22000
20000
18000
16000
0
200
400
600
800
1000
1200
1400
1600
1800
2000
2200
2400
2600
2800
3000
3200
3400
3600
3800
4000 aw_x
$k_3=3$
$k_3=2,5$
$k_3=2$
$k_3=1,5$
$k_3=1$
$k_3=0,5$
$k_3=0$
B_{xw}

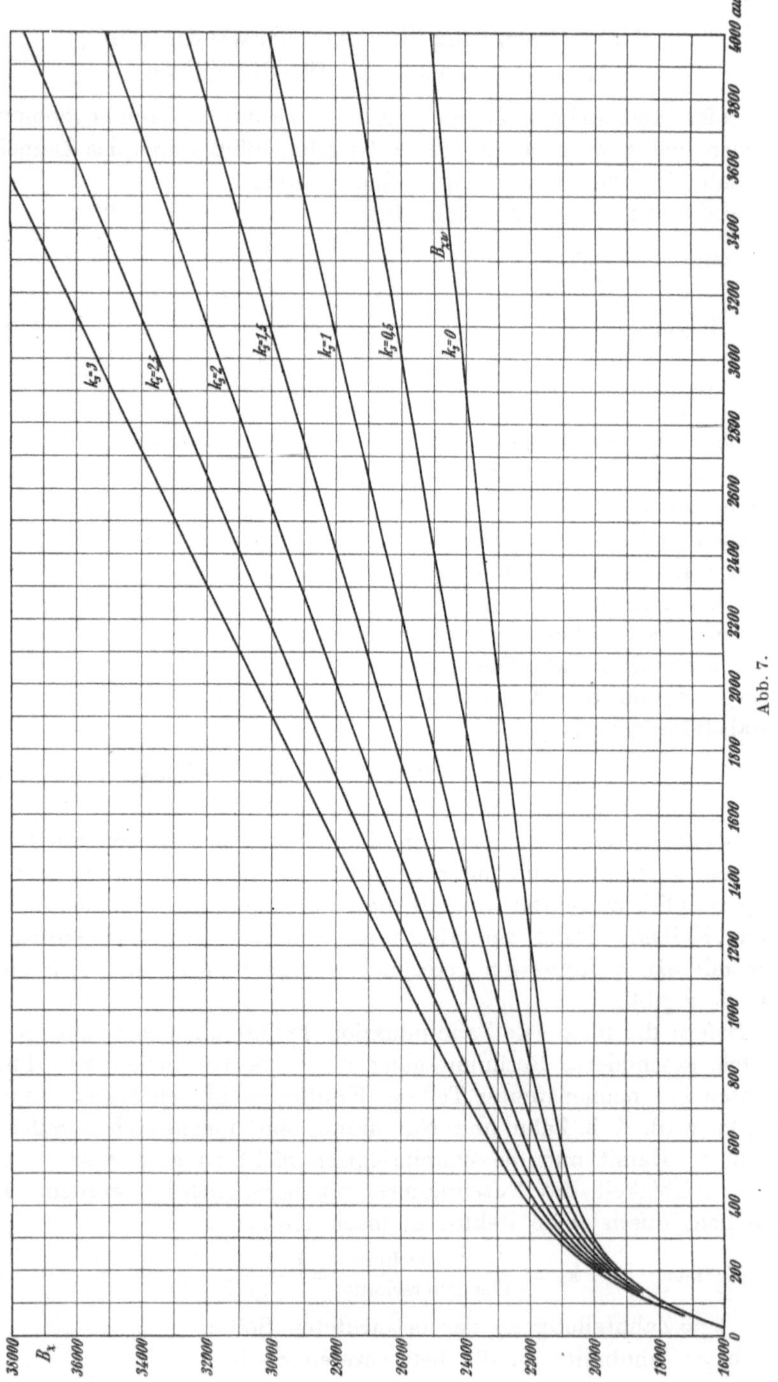

Abb. 7.

Aus der Kurvenschar (Abb. 7) entnimmt man nach Arnold bei der entsprechenden bzw. naheliegenden k_3-Kurve zur jeweiligen gerechneten Zahninduktion schon die entsprechende AW-Zahl, womit bereits die durch die Kraftlinienverdrängung herbeigeführte Induktionsänderung berücksichtigt ist.

16. Berechnung des Magnetisierungsstromes.

a) Berechnung der Blind-Komponente i_μ.

Wir benötigen dazu die gesamten Amperewindungen, die notwendig sind, um den Kraftfluß durch die Stator- und Rotorblechpakete sowie den Luftspalt zu treiben.

In den maßstäblich aufgezeichneten Blechschnitt zeichnen wir einen mittleren Kraftlinienweg ein. Es ergeben sich fünf Einzelwege: Die mittleren Längen im Stator- und Rotorkern, in den Stator- und Rotorzähnen und der Weg im Luftspalt.

D. h. es ist für ein Polpaar

$$AW_p = aw_{k_1} \cdot l_{k_1} + aw_{k_2} \cdot l_{k_2} + aw_{z_1} \cdot l_{z_1} + aw_{z_2} \cdot l_{z_2} + aw \cdot 2\,\delta.$$

Nun ist aber ferner:

$$AW_p = \frac{2}{\pi} \cdot \sqrt{2} \cdot \frac{k \cdot m_1 \cdot w_1 \cdot i_u}{p}. \tag{34}$$

Daher:

$$i_u = \frac{1{,}11 \cdot p \cdot AW_p}{m_1 \cdot w_1}. \tag{35}$$

Nun ist für $w_1 = \frac{z_1}{2}$ zu setzen, somit wird allgemein:

$$i_u = \frac{2{,}22 \cdot p \cdot AW_p}{m_1 \cdot z_1}. \tag{36}$$

Für normale Drehstrommotoren ergibt sich daher die Form

$$\boxed{i_u = \frac{0{,}74 \cdot p \cdot AW_p}{z_1}}. \tag{37}$$

Für den Kraftfluß Φ bestimmt man zunächst für die einzelnen Wege des magnetischen Kreises die Induktionen

$$B = \frac{\Phi}{Q}$$

und entnimmt aus der Magnetisierungskurve der betreffenden Blechsorte die dazugehörige aw pro Zentimeter.

In Abb. 8 ist eine Magnetisierungskurve für geläufiges Dynamoblech dargestellt. (Aus Arnold „Gleichstrommaschinen").

Wie auch aus dem Arbeitsdiagramm ersichtlich, ist der Magnetisierungsstrom für den Abstand des Kreises von der Ordinatenachse maßgebend, d. h. mit abnehmendem Magnetisierungsstrome wird auch der Winkel kleiner bzw. der Leistungsfaktor $\cos\varphi$ besser. Außer einer

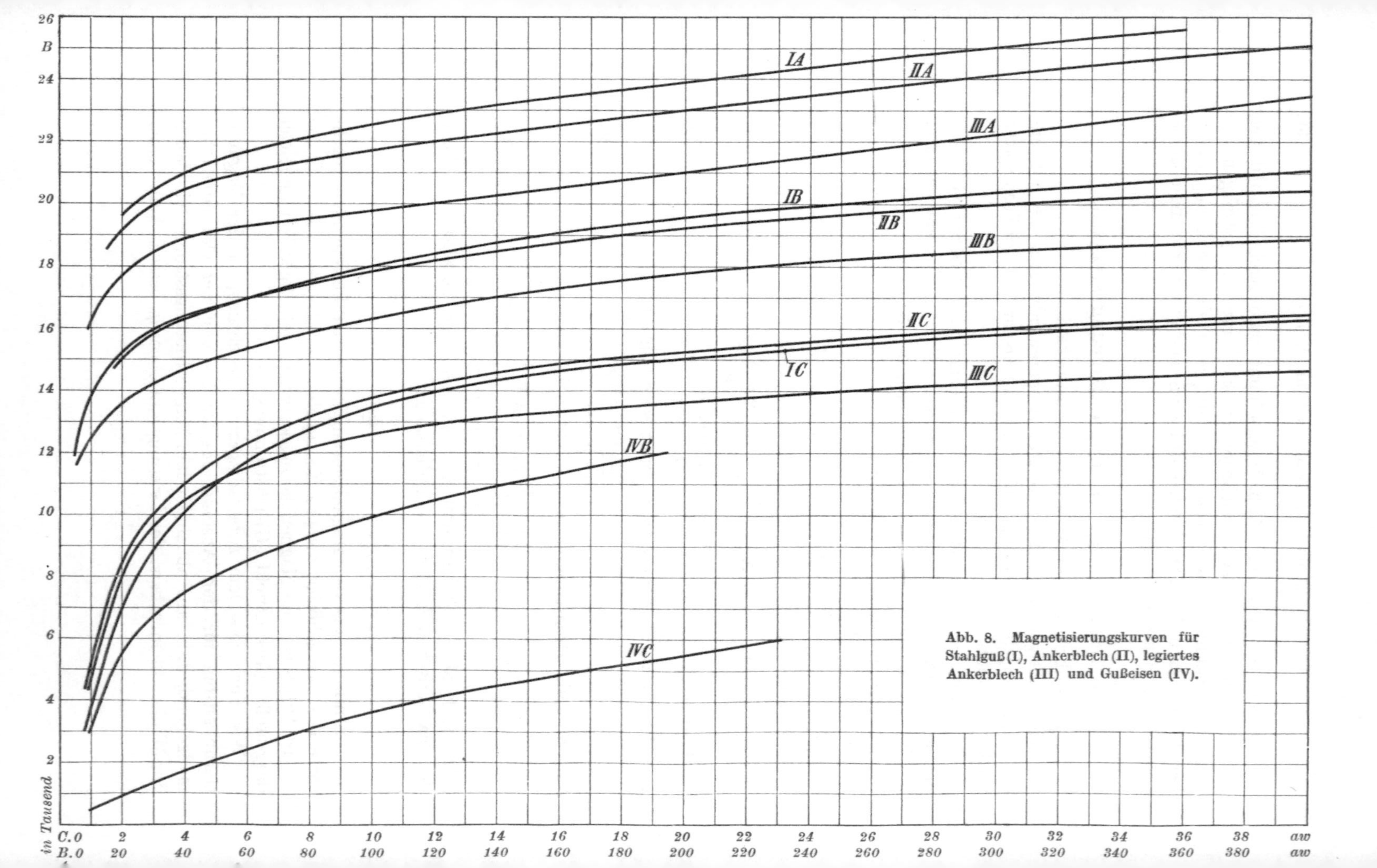

Abb. 8. Magnetisierungskurven für Stahlguß (I), Ankerblech (II), legiertes Ankerblech (III) und Gußeisen (IV).

kleinen Reaktanz verlangt man daher einen möglichst kleinen Magnetisierungsstrom, um die Phasenverschiebung zu veringern, d. h. $\cos \varphi$ auf ein Maximum zu bringen. Zur Erreichung eines sehr kleinen Magnetisierungsstromes muß aber in erster Linie der Luftspalt zwischen Rotor und Stator ein Minimum, in zweiter Linie die Eisensättigung mäßig sein.

Praktisch kann der Magnetisierungsstrom meist gleich dem Leerlaufstrom gesetzt werden, weil die Unterschiede zwischen beiden Strömen normalerweise nur einige Hundertstel Ampere betragen. Der Grund hierfür ist aus den nächsten Kapiteln ersichtlich.

Die Magnetisierungs- und damit die Leerlaufstromstärke ist bei Asynchronmotoren verhältnismäßig hoch, und zwar bei normalen Maschinen unter 2 kW etwa $^1/_3$ bis $^1/_2$, bei Motoren größerer Leistung durchschnittlich $^1/_3$ bis $^1/_4$ des Vollaststromes.

b) Berechnung der Wirkkomponente $i_{we} \cdot \cos \varphi_w$. Die Wirkkomponente hat die vom Hauptkraftlinienfluß erzeugten Eisenverluste V_E zu decken.

Es ist
$$i_{we} = \frac{V_E}{m_1 \cdot E_p}. \tag{38}$$

Zu den Eisenverlusten gehören Wirbelstrom-, Hysteresis- und zusätzliche Eisenverluste (Berechnung siehe Kap. 8).

c) Resultierender Magnetisierungsstrom (Leerstrom bei Stillstand). (Abb. 9.)

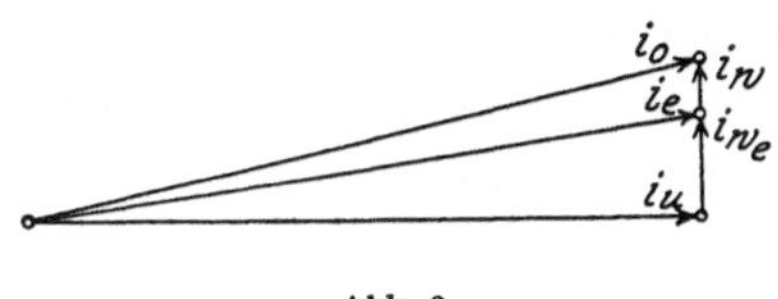

Abb. 9.

Aus der geometrischen Summe der beiden Komponenten ergibt sich hierfür

$$i_0 = i_0' = \sqrt{i_\mu^2 + i_{we}^2}. \tag{39}$$

17. Leerlaufstrom.

Zur Bestimmung des eigentlichen Leerlaufstromes (bei Lauf: annähernd synchrone Drehzahl) muß die Wirkkomponente neu bestimmt werden, da bei Lauf von derselben außer den Eisenverlusten auch die Lager- und Luftreibungs- sowie Stromwärmeverluste (bei Leerlauf) zu decken sind. Mithin gilt:

$$i_w = \frac{V_o}{m_1 \cdot E_p}.$$

worin Vo die gesamten Leerlaufverluste darstellt.

18. Die Widerstände einer Phase der Stator- und Rotorwicklung r_1 und r_2.

Für den Ohm'schen Widerstand einer Phase gilt allgemein:

$$\boxed{r_g = \frac{l}{k \cdot q}}. \tag{40}$$

Darin bedeutet $l = ml \cdot z$ die Drahtlänge in Metern. Da die Leitfähigkeit (d. i. der reziproke Wert des spezifischen Widerstandes ϱ) für Kupfer bei 18° C $k = 57$ ist, kann bei normalen Erwärmungsverhältnissen (45 bis 50° C Übertemperatur) mit $k = 48$ gerechnet werden. Für anormale Fälle ist genauer zu rechnen:

$$\boxed{k = \frac{57}{1 + 0{,}004 \cdot T_{ü}}}. \tag{41}$$

Der tatsächliche Widerstand einer Phase ist jedoch größer als r_g, da der Einfluß der Wirbelstromverluste und die ungleiche Stromverteilung über dem Kupferquerschnitt bei Wechselstromdurchfluß ins Gewicht fällt.

Für dünne runde, sowie rechteckige Drähte setze man den effektiven Widerstand der Wicklung

$$r = 1{,}04 \text{ bis } 1{,}12\, r_g.$$

Bei größeren Querschnitten:

$$r = 1{,}15 \text{ bis } 1{,}30\, r_g.$$

Ohne zeichnerische Ermittlung genügt nun die angenäherte Bestimmung der mittleren Windungslänge eines Drahtes nach den Formeln:

1. bei Statoren: $ml_1 = l_1 + 1{,}4\,\tau + 3 \div 8$ (in cm); (42)
2. bei Rotoren:
   a) kleiner Type $ml_2 = l_1 + 1{,}2\,\tau + 1 \div 4$ (in cm), (43)
   b) größerer Type $ml_2 = l_1 + 1{,}3\,\tau + 3 \div 6$ (in cm). (44)

Diese empirischen Formeln können für alle Asynchronmotoren vorteilhaft verwendet werden.

19. Die Streureaktanzen einer Phase der Stator- und Rotorwicklung.

Allgemein gilt für die primäre Streureaktanz

$$R s_1 = L_1 \cdot \omega = L_1 \cdot 2\pi \cdot f$$

und für die sekundäre Streureaktanz

$$R s_2 = L_2 \cdot \omega = L_2 \cdot 2\pi \cdot f.$$

L_1 ist der primäre, L_2 der sekundäre Selbstinduktionskoeffizient. Unter Einführung der passenden Beziehungen für die Selbstinduktionskoeffizienten ergibt sich (nach Arnold):

$$\boxed{Rs_1 = \frac{4\pi \cdot f \cdot \left(\frac{z_1}{2}\right)^2}{p \cdot N_1 \cdot 10^8} \Sigma li \cdot \lambda i}\ . \tag{45}$$

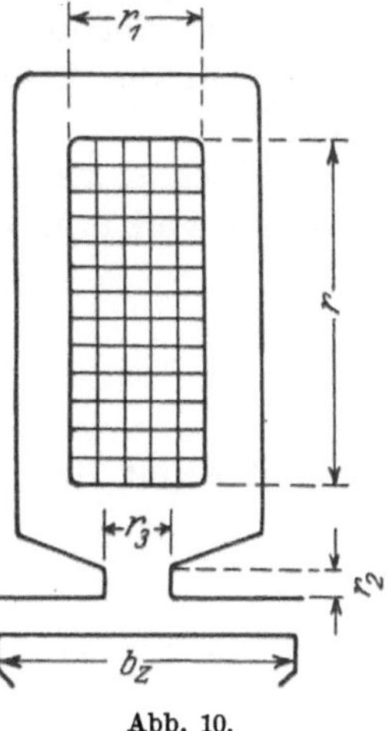

Abb. 10.

λ_i bedeutet Leitfähigkeit für die Streukraftflüsse.

Wir unterscheiden: (Abb. 10.)

1. Die Leitfähigkeit des Nutenraumes.
2. Die Leitfähigkeit an den Zahnköpfen.
3. Die Leitfähigkeit an den Stirnverbindungen (Spulenköpfen).

Es gilt:

$$\boxed{\Sigma l_i \cdot \lambda_i = l_i \cdot \lambda_n + l_i \cdot \lambda_k + l_s \cdot \lambda_s = l_i \left(\lambda_n + \lambda_k + \frac{l_s}{l_i} \cdot \lambda_s\right)}\ .$$

$$\lambda_n = 1{,}55 \left(\frac{r}{3 r_1} + \frac{r_2}{r_3}\right). \tag{46}$$

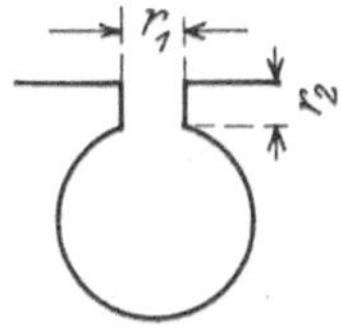

Abb. 11.

Für runde Nuten gilt: (Abb. 11.)

$$\lambda_n = 1{,}20 \left(0{,}63 + \frac{r_2}{r_1}\right). \tag{47}$$

$$\lambda_k = 1{,}25 \frac{(bz - r_3)}{6\delta}. \tag{48}$$

$$\lambda_s = 0{,}46\, Ns \cdot \lg \frac{1{,}5\, ls}{Us}. \tag{49}$$

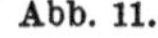

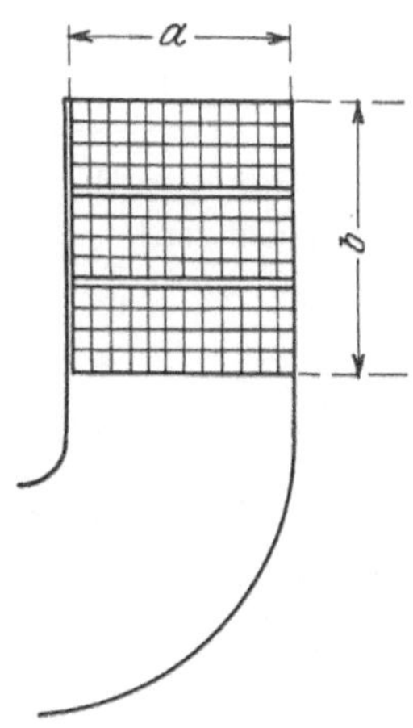

Abb. 12.

Es bedeutet Ns die Zahl der zu einem Spulenkopf zusammengefaßten Spulenseiten, ls die mittlere Länge eines Spulenkopfes. Ferner ist $Us = 2\,(a + b)$, der Umfang des Spulenkopfes (außen blank, innen mit Isolation und Luftraum gerechnet) (Fig. 12).

$$ls = ml - l.$$

Für die Rotorwicklung wird dann in ähnlicher Weise gerechnet:

$$\boxed{Rs_2 = \frac{4\pi \cdot f \cdot \left(\frac{z_2}{2}\right)^2}{p \cdot N_2 \cdot 10^8} \cdot \Sigma li \cdot \lambda}\ . \tag{50}$$

Für λ_n, λ_k und λ_s gelten dann analoge Werte. In jedem Falle ist Voraussetzung, daß in jeder Nut nur die Spulenseite einer Phase untergebracht ist. Bei überlappten Phasen (z. B. Phasenbedeckung $^2/_3$ Polteilung) sind die Ausdrücke für die Reaktanzen mit 0,75 zu multiplizieren.

Schließlich ist die Rotorreaktanz auf primäre Reaktanz zu reduzieren; das muß im Verhältnis der Quadrate der Windungszahlen geschehen, d. h.

$$Rs'_2 = \left(\frac{\frac{z_1}{2}}{\frac{z_2}{2}}\right)^2 \cdot Rs_2 .$$

Somit ergibt sich die Kurzschlußreaktanz

$$\boxed{Rs_k = R_{s_1} + R'_{s_2} .}$$

Und die Kurzschlußimpedanz

$$\boxed{Z_k = \sqrt{r_k^2 + R_{s_k}^2}} . \tag{51}$$

20. Der Kurzschlußstrom in der Phase.

Dieser ist $$\boxed{J_k = \frac{Ep}{Z_k}} .$$

Bei kleinen Maschinen verzichtet man sehr oft auf die verhältnismäßig umständliche Bestimmung der Reaktanzen bzw. Impedanzen in der vorher geschilderten Art und rechnet angenähert den Kurzschlußstrom direkt nach empirischen Formeln, z. B. nach

$$\boxed{J_k = \frac{D \cdot \pi \cdot Bl_{mittel}}{z_1 \cdot \left[12{,}6\left(\frac{1}{N_1} + \frac{1}{N_2}\right) + 2{,}1 \cdot \frac{ml - la}{la}\right]}} . \tag{52}$$

[Durchmesser D, mittlere Windungslänge ml und Eisenlänge la in mm einzusetzen]

oder nach: $$J_k = \frac{D \cdot Bl_{mittel}}{z_1\left[4\left(\frac{1}{N_1} + \frac{1}{N_2}\right) + 0{,}67\frac{ml - la}{la}\right]} . \tag{53}$$

D in cm einzusetzen.

21. Reaktanz und Widerstand einer Käfigwicklung. (Abb. 13.)

Käfigwicklungen sind Vielphasenwicklungen, bei welchen die Phasenzahl gleich der Stabzahl pro Polpaar ist, d. h.

$$m_2 = \frac{z_2}{p} .$$

Der Phasenwinkel in elektrischen Graden ist

$$B = \frac{2\pi}{m_2} = \frac{2\pi \cdot p}{z_2}. \tag{54}$$

Für die Betrachtung sei ein zweipoliges System zugrunde gelegt. Man denke sich Widerstand und Reaktanz beider Kurzschlußringe in einen Ring verlegt, so daß der andere Ring nur als Punkt dargestellt wird. Siehe Abb. 14.

Man kann die Käfigwicklung mithin als

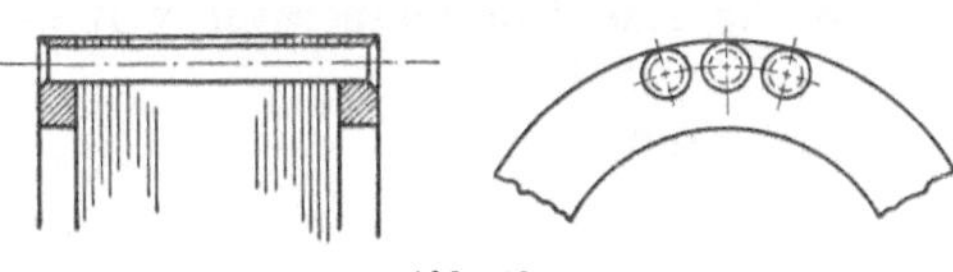

Abb. 13.

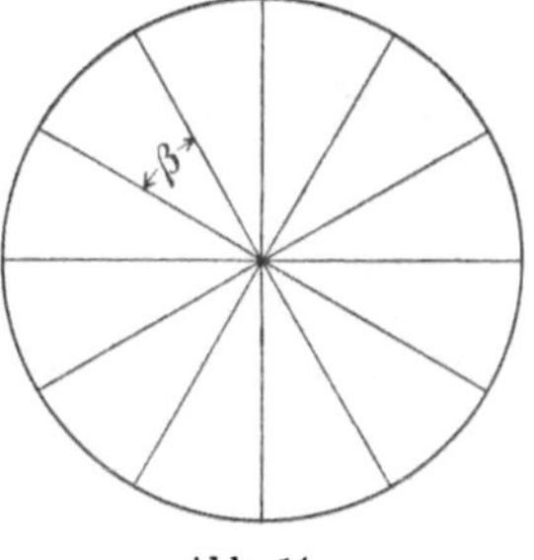

Abb. 14.

Vielphasensternsystem auffassen, wobei der Belastungskreis durch den Kurzschlußring gebildet wird.

Der Phasenstrom ist

$$J_{p_2} \cong 0{,}9 \cdot \frac{m_1 \cdot c \cdot z_1}{m_2 \cdot z_2} \cdot J_p \tag{55}$$

und der Strom in einem Stabe

$$i_2 = \frac{J_{p_2}}{p}.$$

Schließlich der Ringstrom nach Abb. 15

$$J_r = \frac{J_{p_2}}{2 \sin \frac{\pi}{m_2}}. \tag{56}$$

Dann ergibt sich der Stabquerschnitt

$$q_2 = \frac{i_2}{s_2}.$$

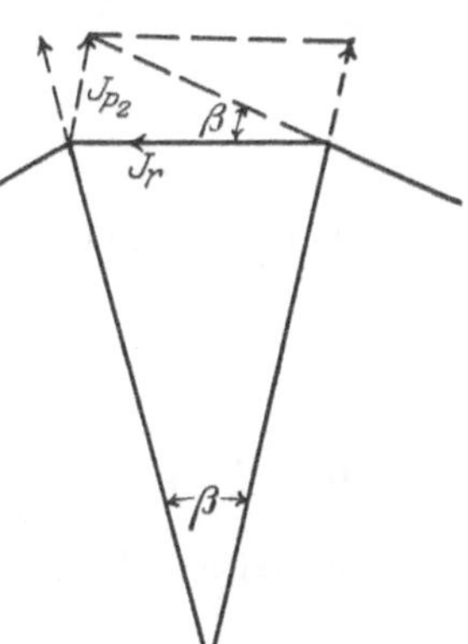

Abb. 15.

Da die Stäbe (meist kreisrund ausgeführt) blank in die Nuten verlegt werden, ergibt sich hier eine bessere Wärmeableitung als bei den isolierten Drähten von Schleifringankermotoren, so daß die Kupferbeanspruchungen etwa 5 vH höher als bei isolierten Drähten (nach Tabelle) eingesetzt werden dürfen.

Schließlich erhalten wir den Querschnitt eines Kurzschlußringes mit

$$q_r = \frac{J_r}{s_r}.$$

Wegen besserer Abkühlungsmöglichkeit können die Beanspruchungen der Ringe (Kupferguß) gegenüber denen der Stäbe um weitere 5 vH gesteigert werden. Soll für die Kurzschlußringe an Stelle von Kupfer Rotguß verwendet werden, so muß die Beanspruchung im Verhältnis zum neuen spezifischen Widerstand verringert werden. Im anderen Falle würde der Widerstand im Rotorstromkreis relativ hoch werden; ein zu geringes Anzugmoment wäre die Folge.

Der Widerstand eines Stabes ist

$$r_S = \frac{l_S}{k \cdot q_S}.$$

Der Widerstand eines Ringsegmentes zwischen zwei Stäben

$$r_r = \frac{\pi \cdot D_r}{N_{II} \cdot k \cdot q_r}. \tag{57}$$

Hierbei kann ebenfalls $k = 48$ für eine Übertemperatur von 45^0 bis 50^0 Celsius eingesetzt werden.

Dann ist der resultierende Widerstand

$$r_{g_{II}} = \frac{1}{p}\left[r_S + \frac{2 r_r}{\left(2 \sin \frac{\pi}{m_2}\right)^2}\right].$$

Effektiv $\qquad r_{II} \cong 1{,}15\, r_{g_{II}}.$

Auf primär reduziert:

$$r'_{II} = \frac{4 \cdot m_1 \left(\frac{z_1}{2} \cdot c\right)^2}{N_{II}} \cdot p \cdot r_{II}. \tag{58}$$

Rotorreaktanz. Auf den Stator reduziert, ergibt sich

$$R's_2 = \frac{4 \cdot m_1 \left(\frac{z_1}{2} \cdot c\right)^2}{N_{II}} \cdot p \cdot Rs_1. \tag{59}$$

Darin ist $\quad p \cdot Rs_2 = \pi \cdot f \cdot \Sigma (l_i \cdot \lambda_i) \cdot 10^{-8}.$

Und weiter $\quad \Sigma \cdot (li \cdot \lambda_i) = li \left[\lambda_n + \lambda_k + \frac{ls}{li} \cdot \frac{2\lambda s}{\left(2 \sin \frac{\pi \cdot p}{N_{II}}\right)^2}\right]. \qquad (60)$

$$ls = \frac{\pi \cdot Dr}{N_{II}}. \tag{61}$$

Die Leitfähigkeit des Nutenraumes ist hier

$$\lambda_n = 1{,}2\left(0{,}63 + \frac{r_2}{r_1}\right). \tag{62}$$

Die Leitfähigkeit an den Zahnköpfen (wie bei Schleifringläufern)

$$\lambda_k = \frac{1{,}25\,(b_z - r_3)}{6\delta}. \tag{63}$$

Die Leitfähigkeit an den Stirnverbindungen

$$\lambda_s = 0{,}46 \lg \frac{1{,}5\,\pi \cdot Dr}{2\,(a+b)}. \tag{64}$$

Worin $2\,(a+b)$ den Umfang eines Kurzschlußringes in cm darstellt. Die Kurzschlußimpedanz ergibt sich dann wie früher.

22. Das Drehmoment.

In jeder stromdurchflossenen Spule, welche sich in einem magnetischen Felde befindet, ist eine gewisse potentielle Energie aufgespeichert. Diese ist gleich dem Produkte der Amperewindungen der Spule mit dem von dieser umschlossenen Kraftlinienflusse Φ.

Ist das elektromagnetische Potential der Spule

$$P = i_{p_2} \cdot \frac{z_2}{2} \cdot \Phi \tag{65}$$

und γ der Winkel zwischen der Normalen auf der Spulenebene und der Induktionsrichtung B, dann beträgt die von der Spule bei einer Drehung um den Winkel $d\gamma$ geleistete Arbeit

$$dA = -\frac{\delta P}{\delta \gamma} \cdot d\gamma.$$

Diese Arbeit ist aber auch gleich dem Drehmoment Md mal dem Winkel $d\gamma$, d. h.:

$$dA = Md \cdot d\gamma = -\frac{\delta P}{\delta \gamma} \cdot d\gamma$$

oder das Drehmoment der Spule ist

$$Md_1 = -\frac{\delta P}{\delta \gamma} = -\frac{\delta\left(ip_2 \cdot \frac{z_2}{2} \cdot \Phi\right)}{\delta \gamma}. \tag{66}$$

Bei der Spulendrehung um den Winkel $d\gamma$ gegen das Feld ändert sich nur der Kraftlinienfluß, welcher die Spulen durchsetzt: $\Phi \cdot \cos\gamma$.

Daher wird das Drehmoment einer Spule

$$\boxed{Md_1 = -\frac{\delta\left(ip_2 \cdot \frac{z_2}{2} \cdot \Phi \cdot \cos\gamma\right)}{\delta \gamma} = ip_2 \cdot \frac{z_2}{2} \cdot \Phi \cdot \sin\gamma}. \tag{67}$$

Der Drehung der Spule um den Winkel γ entspreche die Lage, bei welcher die EMK der Spule gleich Null und bei vernachlässigter Reaktanz ebenfalls der Strom gleich Null ist.

Es sind daher die Amperewindungen

$$ip_2 \cdot \frac{z_2}{2} = \sqrt{2} \cdot Jp_2 \cdot \frac{z_2}{2} \cdot \sin\gamma$$

und das Drehmoment der Spule:

$$\boxed{Md_1 = \sqrt{2} \cdot Jp_2 \cdot \frac{z_2}{2} \cdot \Phi \cdot \sin^2\gamma = \frac{\sqrt{2}}{4} \cdot Jp_2 \cdot Z_2 \cdot \Phi(1 - \cos 2\gamma)}. \tag{68}$$

Zum Drehmoment aller Spulen muß man alle Md_1 addieren von $\gamma = -\frac{\pi}{2}$ bis $\gamma = +\frac{\pi}{2}$.

Es ist $$\sum_{\gamma=-\frac{\pi}{2}}^{\gamma=+\frac{\pi}{2}} \cos 2\gamma = 0.$$

Daher ist das resultierende Moment aller m_2 Spulen

$$Md = \frac{\sqrt{2}}{2} \cdot m_2 \cdot J_{p_2} \cdot \frac{z_2}{2} \cdot \Phi. \tag{69}$$

Unter Berücksichtigung der Reaktanz der Rotorspulen soll der Rotorstrom um einen Winkel φ_2 gegen die in der Spule induzierte EMK verschoben sein.

Es gilt dann $$i_2 \cdot \frac{z_2}{2} = \sqrt{2} \cdot J_{p_2} \cdot \frac{z_2}{2} \cdot \sin(\gamma - \varphi_2).$$

Daher das Drehmoment einer Spule

$$Md_1 = \sqrt{2} \cdot J_{p_2} \cdot \frac{z_2}{2} \cdot \Phi \cdot \sin\gamma \cdot \sin(\gamma - \varphi_2).$$

oder $$Md_1 = \frac{\sqrt{2}}{2} \cdot J_{p_2} \cdot \frac{z_2}{2} \Phi \left[\cos\varphi_2 - \cos(2\gamma - \varphi_2)\right].$$

Mithin ist das resultierende Drehmoment aller m_2 = Spulen

$$\boxed{Md = \sqrt{2} \cdot \frac{m_2}{2} \cdot \frac{Jp_2 \cdot z_2}{2} \cdot \Phi \cdot \cos\varphi_2 = \frac{\sqrt{2}}{4} \cdot m_2 \cdot Jp_2 \cdot z_2 \cdot \Phi \cdot \sin\left(\frac{\pi}{2} - \varphi_2\right)}. \tag{70}$$

Bis jetzt war ein zweipoliger Motor mit m_2 Rotorspulen angenommen, die gleichmäßig über den Umfang gewickelt sind. Denken wir uns an Stelle dieser m_2 = Spulen eine gewöhnliche Phasenwicklung auf dem Rotor, so wird das Drehmomt jeder Phase gleich

$$Md_1 = \frac{\sqrt{2}}{4} \cdot J_{p_2} \cdot z_2 \cdot c_2 \cdot \Phi \left[\cos\varphi_2 - \cos(2\gamma - \varphi_2)\right], \tag{71}$$

wobei c_2 der Wirkungsfaktor ist.

Hat man m_2 symmetrische Phasen, so ergibt sich als resultierendes Drehmoment aller Phasen

$$Md = \frac{\sqrt{2}}{4} \cdot m_2 \cdot J_{p_2} \cdot z_2 \cdot c_2 \cdot \Phi \cdot \cos\varphi_2, \tag{72}$$

denn die Summe der m_2 Glieder $\cos(2\gamma - \varphi_2)$ ist gleich Null. — Bei einem mehrpoligen Motor mit p Polpaaren wird das Drehmoment nun p mal größer.

Das elektromagnetische Potential bleibt dasselbe wie früher

$$P = i_{p_2} \cdot \frac{z_2}{2} \cdot \Phi.$$

Um dieselbe Elementararbeit dA zu leisten, haben wir den Rotor um den räumlichen Winkel $\frac{1}{p} \cdot d\gamma$ zu drehen.

Es wird also

$$dA = Md_1 \cdot \frac{d\gamma}{p} - \frac{\partial P}{\partial \gamma} \cdot d\gamma.$$

$$Md_1 = -p\frac{\partial P}{\partial \gamma}.$$

Somit erhalten wir als allgemeine Formel für das von einem konstanten Drehfelde auf einen mehrphasigen Rotor ausgeübte Drehmoment

$$\boxed{Md = \frac{1}{2\sqrt{2}} \cdot m_2 \cdot Jp_2 \cdot z_2 \cdot c_2 \cdot p \cdot \Phi \cdot \cos\varphi_2}. \tag{73}$$

Insbesondere ergibt sich für eine normale dreiphasige Rotorwicklung ($c_2 = ,096$)

$$\boxed{Md \cong Jp_2 \cdot z_2 \cdot p \cdot \Phi \cdot \cos\varphi_2}. \tag{74}$$

23. Das Arbeitsdiagramm des Drehstrommotors.

Zur genauen Untersuchung eines fertigen oder gerechneten Drehstrommotors leistet das Arbeitsdiagramm (nach Heyland) wertvolle Dienste. Einzelheiten im Belastungszustand der Maschine würden vielfach rechnerisch zu umständlich zu bestimmen sein. Das Aufzeichnen des Diagramms gewinnt noch dadurch an Interesse, daß man dazu nur die Leerlauf- und Kurzschlußverhältnisse zu kennen braucht.

Soll das Arbeitsdiagramm für einen fertigen Motor konstruiert werden, so genügt es, die Ströme bei Leerlauf und Kurzschluß (festgebremst) sowie die Wattverbrauche dabei festzustellen. Zur Konstruktion des Diagramms benötigt man noch die Leistungsfaktoren bei Leerlauf und Kurzschluß, die sich aus den gegebenen Werten rechnen lassen. Es ist dann bei Leerlauf

$$\cos\varphi_0 = \frac{\mathfrak{E}_0}{\sqrt{3} \cdot E_p \cdot i_0},$$

bei Kurzschluß

$$\cos\varphi_k = \frac{\mathfrak{E}_k}{\sqrt{3} \cdot E_p \cdot J_k}.$$

Soll das Diagramm für einen gerechneten Motor konstruiert werden, so entnimmt man der Berechnung die bereits vorhandenen Werte

für i_0, J_k, $\cos\varphi_0$ und $\cos\varphi_k$.

24. Die Konstruktion des Arbeitsdiagrammes. (Abb. 16.)

Zunächst lege man den Strommaßstab fest. Dabei ist zu berücksichtigen, daß der ideelle Maximalstrom als Abszisse den Kurzschlußstrom durchschnittlich noch um 10 bis 20 vH übersteigt. Nach Aufzeichnen des Koordinatensystems mit dem Scheitelpunkt A trage man die zu $\cos\varphi_0$ und $\cos\varphi_k$ gehörigen Winkel φ_0 und φ_k von der Ordinate aus bei A an und verlängere den geneigten Schenkel zu φ_k weit nach rechts. Sodann erfolgt Antragen der Leerlauf- sowie Kurzschluß-

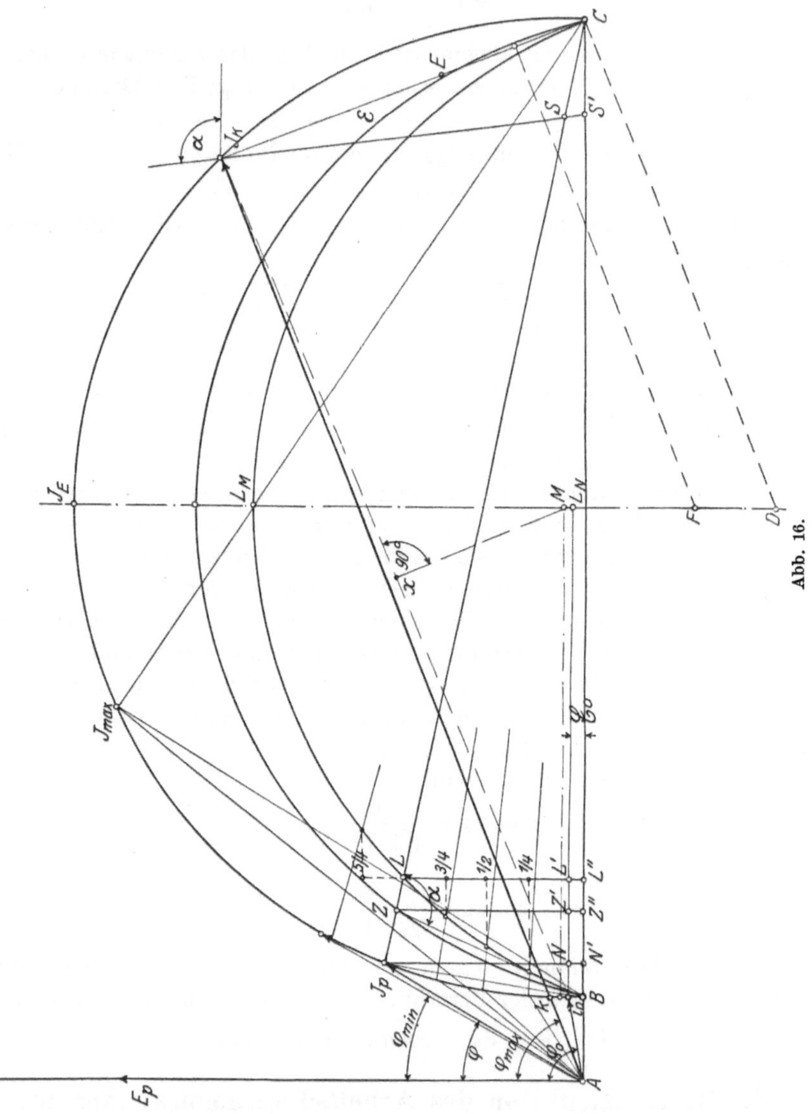

Abb. 16.

stromstärke, i_0 bzw. J_k auf den dazugehörigen Schenkeln von A aus nach rechts; dazu ergeben sich die gleichnamigen Punkte. Hierauf verbindet man i_0 mit J_k durch eine Hilfslinie, halbiert sie bei x und zeichnet von hier aus die Lotnormale. Nun fällt man eine Senkrechte auf die Abszisse, welche durch i_0 geht und den darüber liegenden Strahl AJ_k in k schneidet. Dann halbiert man das kleine Stück i_0k und zieht durch den Halbierungspunkt eine Horizontale nach rechts, welche die vorerwähnte Lotnormale in M schneidet. Dieses ist der Mittelpunkt des sogenannten Leistungskreises, welcher durch i_0 und J_k gehen muß und die Abszisse in B und C trifft.

Jetzt folgt Verbindung J_k—C und Errichtung einer Normalen in C auf J_kC, welche die durch M gezogene Mittelsenkrechte in D schneidet. Dies ist ein Mittelpunkt eines neuen Kreises, der ebenfalls durch B und C geht und als Leistungskreis bezeichnet wird. Nun zieht man von i_0 aus eine Parallele zur Abszisse nach rechts, welche den Leerlaufverlust $\mathfrak{E}_0$ Watt darstellt. Nicht eingeschlossen ist allerdings der Kupferverlust

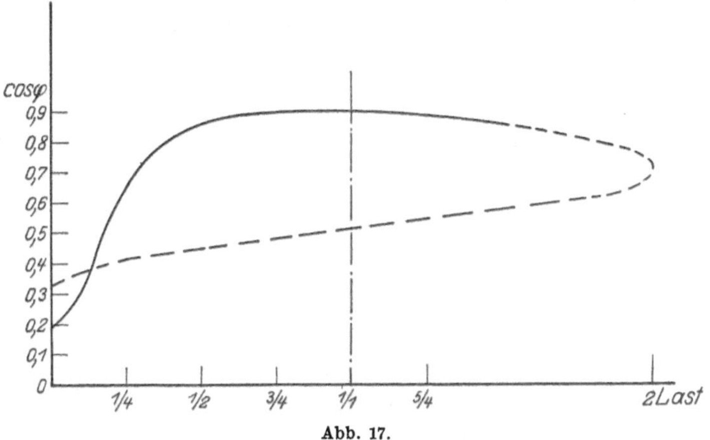

Abb. 17.

bei Leerlauf, der aber infolge des sehr kleinen Betrages vernachlässigt werden kann. Mit der Strecke für $\mathfrak{E}_0$ ist nun aber der genaue Maßstab für die Leistung im Diagramm gegeben. Denn dasselbe Stück stellt auch die Wirkkomponente bei Leerlauf dar, welche im Amperewert bekannt ist. Somit ergibt sich für die verlangte Normalleistung des betreffenden Motors eine bestimmte Strecke, welche senkrecht über der Verlustlinie liegt und den Leistungskreis in L trifft. Sodann zieht man den Normalstrahl von C aus über L bis zum Schnittpunkt mit dem Energiekreis in J_p. Die Gerade AJ_p stellt dann den Phasenstrom dar und der mit der Ordinate eingeschlossene Winkel φ ergibt den Leistungsfaktor bei Normallast ($\cos\varphi$). Es kann nun für verschiedene Belastungen ($^1/_4$, $^1/_2$, $^3/_4$ und $^5/_4$ Last) der entsprechende Strahl gezogen werden, wonach sich der jeweilige Leistungsfaktor $\cos\varphi$ ergibt. Die so gefundenen fünf Werte für den Leistungsfaktor genügen im allgemeinen, um die $\cos\varphi$-Kurve aufzuzeichnen (s. Abb. 17).

Nun fällt man eine weitere Senkrechte auf die Abszisse von J_p aus mit den Schnittpunkten N und N′. So stellt die Strecke J_pN' die aufgenommene Energie bei Normallast dar, d. h. es ergibt sich der Wirkungsgrad bei Normallast mit

$$\boxed{\eta = \frac{LL'}{J_p N'}}.$$

Will man die Wirkungsgradkurve konstruieren, so teilt man die Leistungsstrecke LL′ z. B. in vier gleiche Teile, zieht die entsprechenden Strahlen von C aus bis zu den Schnittpunkten mit der Energiestrecke, woraus sich die neuen Wirkungsgradverhältnisse ergeben (s. Abb. 18).

Sodann ergibt der Strahl C über L_m bis zum Schnittpunkt J_{max} die der maximalen Leistung L_mL_N entsprechenden Stromstärke AJ_{max}.

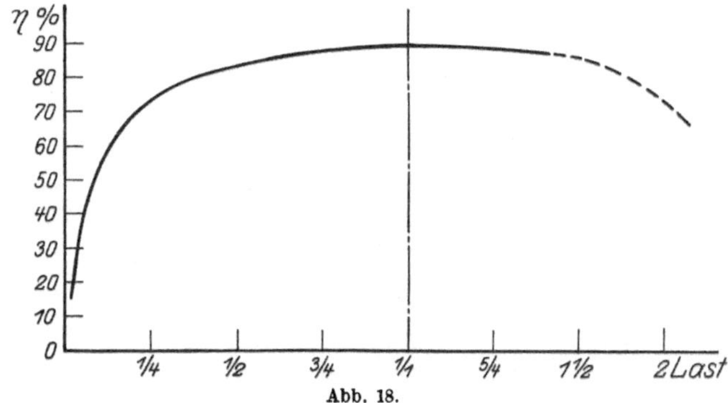

Abb. 18.

D. h. bei weiterer Belastung des Motors würde zwar der Strom noch weiter ansteigen (Punkt wandert auf dem Energiekreis von links nach rechts), aber die abgegebene Leistung würde sinken; die größte Energieaufnahme (in Watt) würde sich erst bei J_E ergeben, entsprechend einem Strome AJ_E. Bei weiterer Abbremsung steigt nun der Strom noch an, trotzdem wird die Energieaufnahme geringer, weil sich vor allem der Leistungsfaktor schnell verschlechtert.

Nun trage man den Ohmschen Spannungsabfall des Stators von J_k bis E auf, wobei das Maßstabverhältnis zu beachten ist; die Strecke ε hat dann die Größe

$$\boxed{\bar{\varepsilon} = \sqrt{3} \cdot r_1 \cdot J_k \cdot \frac{\overline{AC}}{\overline{Ep}}}. \tag{75}$$

Jetzt wird die übrigbleibende Strecke EC halbiert und in dem Halbierungspunkt eine Senkrechte errichtet, die die Mittellinie der

Kreise in F trifft, dem Mittelpunkte des Zugkraftkreises, welcher auch durch B und C gehen muß.

Es erfolgt dabei Schnitt des Normalstrahles in Z, von wo aus eine Senkrechte auf die Abszisse gefällt wird, die durch Z′ gehend in Z″ auftrifft. ZZ′ stellt dann die nutzbare Normalzugkraft dar. B mit Z verbunden, ergibt einen Winkel α, welcher von einer Horizontalen aus in J_k angetragen wird, so daß man schließlich bei Verlängerung des geneigten Schenkels nach unten die Schnittpunkte S und S′ erhält. Das Stück SS′ stellt nun die Schlüpfung des Motors bei Normallast dar; es ist dann in Prozenten ausgedrückt

$$\text{Schlüpfung} \quad \boxed{s = \frac{SS' \cdot 100}{S' Jk}}. \tag{76}$$

Da die Strecke SS′ im allgemeinen so klein ausfällt, daß eine genaue Messung unmöglich ist, kann eine nähere Ermittlung aus dem Verhältnis des kleinen Dreiecks SS′C zu dem großen, ähnlichen Dreiecke JpN′C erfolgen, indem mit genügender Genauigkeit das erstere als rechtwinkliges betrachtet wird.

Die Schlüpfung läßt sich jedoch auch auf rein rechnerischem Wege ermitteln. Da die Schlüpfung mit dem Rotorverlust steigt, so erhält man die Beziehung

$$\frac{S}{n'} = \frac{V_2}{\mathfrak{E}_2}.$$

Daraus ergibt sich die Zahl der geschlüpften Touren

$$S_n = \frac{n \cdot V_2}{\mathfrak{E}_2} = n \cdot \boxed{\frac{3 \cdot J_2{}^2 \cdot r_2}{3 \cdot E_2 \cdot J_2}}.$$

oder

$$\boxed{S_n = \frac{n \cdot J_2 \cdot r_2}{E_2}}. \tag{77}$$

bzw. in Prozenten

$$\boxed{S = \frac{100 \cdot J_2 \cdot r_2}{E_2}}.$$

25. Die Erwärmung.

Die Belastungsgrenze eines Asynchronmotors ist im allgemeinen durch die zulässige Erwärmung gegeben. Die zulässige Temperaturerhöhung ist durch die Verbandsvorschriften festgelegt und darf bei den verschiedenen Teilen der Maschinen durchschnittlich 50 bis 60° Celsius (Übertemperatur) nicht überschreiten. Im allgemeinen werden die normalen Maschinen so berechnet, daß sich ihre Übertemperaturen bei Dauerleistung, d. h. etwa nach 3 Stunden nahe 45° Celsius ergeben.

Beim Erwärmungsgebiet versagt eine genaue Berechnung fast vollkommen, man muß sich durchschnittlich mit Faustformeln bzw. Annäherungswerten begnügen, wenn man nicht ganz von einer Nachrechnung der Erwärmung absehen will. Tatsächlich kann der erfahrene Berechner fast durchweg auf eine Berechnung der Erwärmung einzelner Maschinenteile verzichten, da schon die Annahmen für die Eisen- und Kupferbeanspruchungen den normalen Erwärmungen entsprechend gemacht werden.

Nach dem Anlassen und Belasten eines Motors erwärmt sich derselbe allmählich durch die wärmeerzeugenden Verluste bis schließlich der Beharrungszustand eintritt, d. h. es wird dann die ganze erzeugte Wärme nach außen abgegeben. Für die Übertemperatur gilt dann angenähert

$$T_ü = \text{Konstante} \times \frac{\text{Erzeugte Wärme}}{\text{Abkühlungsfläche}}$$

oder

$$T_ü = C \cdot \frac{1}{a_s},$$

worin a_s die spezifische Abkühlungsfläche bedeutet.

Sie bestimmt sich aus dem Verhältnis

$$a_s = \text{Abkühlungsoberfläche} : \text{Wärmeerzeugende Verluste}.$$

Man begnügt sich meist damit, die Erwärmung beim Statorpaket nachzurechnen, weil dieses durchschnittlich ungünstigere Verhältnisse zeitigt als der ventilierende Rotor. Dementsprechend wird beim Stator die Fläche innerhalb der Bohrung nicht mit zur Statoroberfläche eingerechnet. Man bestimmt nur die äußere Oberfläche des Statorpakets, die beiden äußeren Seitenflächen, wobei die Nuten voll gedacht sind, und, sofern Teilpakete mit Luftschlitzen angeordnet sind, noch eine mittlere Schnittfläche pro Luftschlitz, d. h. es ergibt sich für die Abkühlungsoberfläche des Statorpakets die Beziehung:

$$\boxed{A_s = \pi \cdot D_a \cdot l + \frac{\pi}{4}(D_a^2 - D^2)(2 + S)} \cdot \qquad (78)$$

Die Konstante C ist für normale Maschinen offener Bauart

130 bis 180 bei schmaler Bauart

180 bis 230 bei breiter Bauart.

Die Konstanten wurden durch eine größere Anzahl von Messungen an normalen Motoren verschiedener Größe und Bauart bestimmt.

Außer sinngemäßer Annahme der an anderer Stelle tabellarisch geordneten Beanspruchungszahlen ist natürlich bei der Konstruktion für eine gute Luftzirkulation achtzugeben. Besonders soll man dabei die axiale Luftkühlung außerhalb des Statorpakets begünstigen.

26. Erstes ausführliches Beispiel.

Asynchroner Drehstrommotor **3 kW** (4,1 PS), 220 Volt, 50 Perioden, ~1500/1430 U/m für Dauerbetrieb; normale, offene Bauart.

Berechnung sowohl für Schleifring- als auch Kurzschlußläufer-Ausführung.

$$\text{Polpaarzahl } p = \frac{60 \cdot f}{n} = \frac{60 \cdot 50}{1500} = 2.$$

gewählt: Längenverhältnis $\lambda = \frac{li}{D} = 0{,}8$.

verlangt: Wirkungsgrade (Vollast),

1. bei Schleifringläufer-Ausführung $\eta = 0{,}83$, 1 vH Tol.
2. bei Kurzschlußläufer-Ausführung $\eta = 0{,}85$, 1 vH Tol.

Leistungsfaktoren (Vollast),

1. bei Schleifringläufer-Ausführung $\cos\varphi = 0{,}84$, 1 vH Tol.
2. bei Kurzschlußläufer-Ausführung $\cos\varphi = 0{,}86$, 1 vH Tol.

Die allgemeine Berechnung wird daher mit den Mittelwerten $\eta = 0{,}84$, $\cos\varphi = 0{,}85$ durchgeführt.

Annahmen (nach Tabelle):

$AS = 165$; $B_{l\,max} = 5900$.

Effektiver Spannungsabfall $\varepsilon \cong 5$ vH, d.h. $\varepsilon \cong 0{,}05 \cdot 220 \cong$ **11 Volt** pro Phase.

Mittlerer Stromverbrauch

$$J = \frac{3000}{220 \cdot \sqrt{3} \cdot 0{,}84 \cdot 0{,}85} = \mathbf{11{,}1\ Ampere.}$$

Es wird Dreieckschaltung gewählt, daher Phasenstrom

$$Jp = \frac{11{,}1}{\sqrt{3}} = \mathbf{6{,}4\ Ampere.}$$

Bohrung

$$D = \sqrt[3]{\frac{26{,}7 \cdot Ep' \cdot Jp \cdot 10^8}{B_{l\,max} \cdot n \cdot AS \cdot \lambda}}.$$

Werte eingesetzt

$$D = \sqrt[3]{\frac{26{,}7 \cdot (220 - 11) \cdot 6{,}4 \cdot 10^8}{5900 \cdot 1500 \cdot 165 \cdot 0{,}8}} = \sqrt[3]{3060}$$

$$D \cong 14{,}5\ \text{cm} = \mathbf{145\ mm}\ \text{(vgl. Kurve).}$$

Luftspalt $\delta = 0{,}02 + \frac{D}{900} = 0{,}02 + \frac{14{,}5}{900} = 0{,}036\,\text{cm} \cong$ **0,35 mm.**

Rotordurchmesser $D' = 145 - 2 \cdot 0{,}35 =$ **144,3 mm.**

Ideelle Eisenpaketlänge: $li = D \cdot \lambda = 145 \cdot 0{,}8 =$ **116 mm.**

Aktive Eisenpaketlänge: $la = 116 - 0{,}03 \cdot 116 =$ **113 mm.**

Wirkliche Paketlänge: $l = 113 + 0{,}1 \cdot 113 =$ **124 mm.**

Statorwicklung: Drahtzahl pro Phase im Stator

$$z_1 = \frac{AS \cdot D \cdot \pi}{3 \cdot Jp} = \frac{165 \cdot 14{,}5 \cdot \pi}{3 \cdot 6{,}4} = \mathbf{390\ Drähte.}$$

Gesamtnutenzahl wird mit 36 gewählt, d. h. pro Phase 12, pro Pol 9, pro Pol und Phase 3 Nuten.

Mithin pro Nut $\frac{390}{12} \cong$ **32 Drähte.**

Drahtquerschnitt $q_1 = \frac{Jp}{s_1} = \frac{6{,}4}{3{,}9} = \mathbf{1{,}64\ mm^2}$.

Dies entspricht einem geläufigen Drahtdurchmesser von 1,5 mm blank, 1,7 mm isoliert (2 × Baumwolle besp.).

Kraftlinienfluß

$$\Phi = \frac{Ep' \cdot 10^8}{2{,}13 \cdot f \cdot z_1} = \frac{209 \cdot 10^8}{2{,}13 \cdot 50 \cdot 384} = \mathbf{0{,}5 \cdot 10^6}.$$

Nutendisposition des Stators: Die maximale Zahninduktion soll $\lesseqgtr$ 18000 sein. Daher wird die minimale Zahnbreite bei 9 Nuten im Polbereich

$$z'_{min} = \frac{\Phi}{9 \cdot B_{max} \cdot \frac{2}{\pi} \cdot li} = \frac{0{,}5 \cdot 10^6}{9 \cdot 17500 \cdot \frac{2}{\pi} \cdot 11{,}6} = \mathbf{0{,}43\ cm} = \mathbf{4{,}3\ mm.}$$

Die minimale Zahnstärke wird bei trapezähnlicher Nut etwa 5 mm von der Bohrung entfernt herrschen. An dieser Stelle ergibt sich eine Zahnteilung

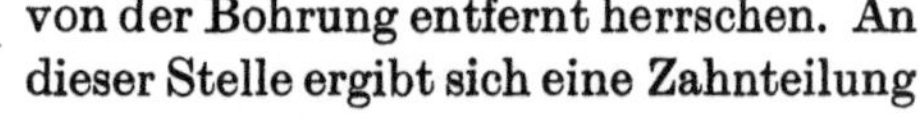

$$t_1 = \frac{(145 + 10) \cdot \pi}{36} = \mathbf{13{,}6\ mm.}$$

Somit geringste Nutenbreite

$$bn_1 = 13{,}6 - 4{,}3 = \mathbf{9{,}3\ mm.}$$

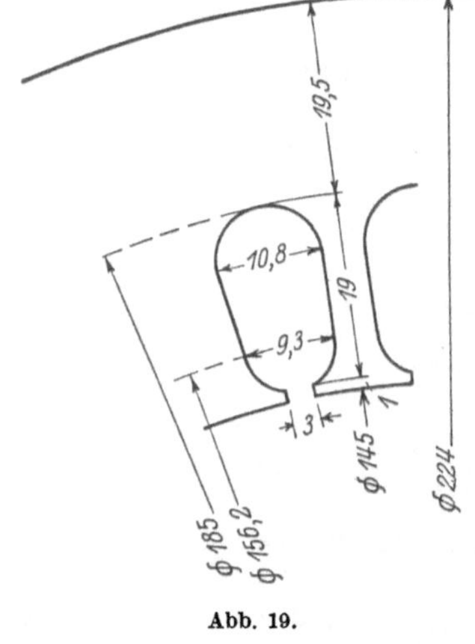

Abb. 19.

Da bei einer vorläufig geschätzten Nutentiefe von etwa 20 mm sich eine mittlere Nutenbreite von etwa 10,5 mm ergibt, kann man mit einer mittleren, nutzbaren Nutenbreite von 10,3 — 1,8 (für Isolation und Zwischenraum) = 8,5 mm rechnen.

Es werden daher durchschnittlich $\frac{8{,}5}{1{,}7} = 5$ Drähte nebeneinandergehen, also ergeben sich übereinander:

$\frac{32}{5} \cong 7$ Lagen mit einer Höhe von $7 \cdot 1{,}7 = 12$ mm. Dazu rechnen wir 7 mm für Isolation, Keil und Zwischenraum (bei abgerundeter Nut) in der Tiefe.

Mithin Nutentiefe (ohne Schlitz): 19 mm. Nutenschlitze mit 3 mm festgelegt (Abb. 19).

Zahnteilung bei der größten Nutenbreite

$$t_{\lambda} \cong \frac{173 \cdot \pi}{36} = \mathbf{15{,}1\ mm.}$$

Größte Nutenbreite 15,1 — 4,3 = **10,8 mm.**

Statorkern. Die Kernhöhe ist

$$h = \frac{\Phi}{2 \cdot li \cdot Ba_{max}}.$$

$$Ba_{max} = 11000.$$

$$h = \frac{0{,}5 \cdot 10^6}{2 \cdot 11{,}6 \cdot 11000} = \mathbf{1{,}95\ cm.}$$

Es wird dann der Außendurchmesser des Blechpakets

$$Da = 145 + 2 \cdot 20 + 2 \cdot 19{,}5 = \mathbf{224\ mm.}$$

Rotorkern. $Br_{max} = 12000$

$$h_R = \frac{0{,}5 \cdot 10^6}{2 \cdot 11{,}6 \cdot 12000} = \mathbf{1{,}8\ cm.}$$

a) Ausführung mit Schleifringläufer. Um das Beipiel so nützlich als möglich zu gestalten, soll für den Motor sowohl ein Schleifring — als auch ein Kurzschlußläufer gerechnet werden.

Rotorwicklung.

Im allgemeinen ist es vorteilhaft bei Läuferdurchmessern $\leqq$ 160 mm die Rotornutenzahl kleiner als die Statornutenzahl, bei größeren Durchmessern es umgekehrt zu machen.

Gleiche Nutenzahlen kommen nicht in Frage, da sonst der Rotor zum „Kleben" (schlechter Anlauf) neigt.

Nachdem wir in unserem Beispiel im Stator drei Nuten pro Pol und Phase haben, wählen wir für den Rotor zwei Nuten pro Pol und Phase. Es ergeben sich daher $N_{II} = 2 \cdot 4 \cdot 3 = 24$ Nuten.

Mit der verketteten Rotorspannung wird man nicht über 120 Volt hinausgehen. Dem Praktiker wird eine Spannung zwischen 100 und 120 Volt günstig erscheinen. Die Formel von „Blanc" bestätigt dies:

$$E_2 = \frac{n_s \cdot B_{l\,max} \cdot l_P \cdot h \cdot (a \cdot N_{II})^2}{\sqrt{6} \cdot \beta \cdot 10^8}; \qquad \beta = \frac{11{,}2}{17{,}4} = 0{,}65.$$

$$E_2 = \frac{1500 \cdot 5900 \cdot 12{,}4 \cdot 1{,}9 \cdot (3 \cdot 24)^2}{60 \cdot \sqrt{6} \cdot 0{,}65 \cdot 10^8}$$

$$= \mathbf{114\ Volt.}$$

Daher ist die Drahtzahl einer Rotorphase bei Sternschaltung

$$z_2 = \frac{E_2 \cdot z_1}{\sqrt{3} \cdot E} = \frac{114 \cdot 384}{\sqrt{3} \cdot 220} = \mathbf{115\ Drähte.}$$

Ausgeführt 14 Drähte pro Nut, d. h. pro Phase

$$z_2 = 8 \cdot 14 = \mathbf{112\ Drähte.}$$

Der Rotorstrom ist

$$J_2 \cong 0{,}9 \frac{m_1 \cdot Jp \cdot z_1}{m_2 \cdot z_2} = 0{,}9 \frac{3 \cdot 6{,}4 \cdot 384}{3 \cdot 112} = \mathbf{20\ Ampere.}$$

Bei einer Stromdichte von 5,6 Amp./mm² erhalten wir einen Drahtquerschnitt:

$$q_2 = \frac{J_2}{s_2} = \frac{20}{5{,}6} = \mathbf{3{,}6\ mm^2}.$$

Drahtdurchmesser 2,2 mm blank
2,5 mm isoliert ($2 \times$ Baumwolle besponnen).

Blechschnitt des Rotors. Bei einer maximalen Zahninduktion von $B_{z\,max} = 18000$ ergibt sich eine minimale Zahnstärke von

$$z'' = \frac{\Phi}{6 \cdot B_{max} \cdot \frac{2}{\pi} \cdot l_i} = \frac{0{,}5 \cdot 10^6}{6 \cdot 18000 \cdot \frac{2}{\pi} \cdot 11{,}6}$$

$$\cong 0{,}62\ \text{cm} = \mathbf{6{,}2\ mm.}$$

Die Nutentiefe wird beim Rotor $\leqq$ beim Stator sein; wir schätzen zunächst 18 mm. Oben und unten halbkreisförmig abgerundet, ergeben sich vorläufig folgende Teilungen

$$t_2 \cong \frac{133 \cdot \pi}{24} = \mathbf{17{,}4\ mm.}$$

$$\text{und}\ t_i \cong \frac{115 \cdot \pi}{24} = \mathbf{15\ mm.}$$

Größte Nutenbreite $\leqq 17{,}4 - 6{,}2 = \mathbf{11{,}2\ mm}$
kleinste Nutenbreite $\leqq 15 - 6{,}2 = \mathbf{8{,}8\ mm.}$

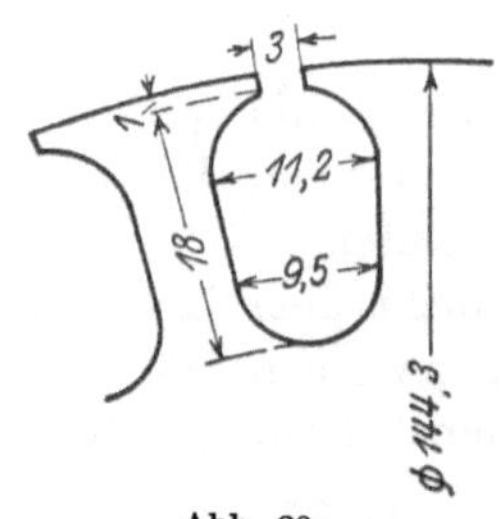

Abb. 20.

Gegenüber der ersten Annahme ändert sich der innere Teilkreisdurchmesser auf ~ 120 mm, daher wird nunmehr (Abb. 20)

$$t_i = \frac{120 \cdot \pi}{24} = \mathbf{15{,}7\ mm.}$$

Und kleinste Nutenbreite

$$= 15{,}7 - 6{,}2 = \mathbf{9{,}5\ mm.}$$

Mittlere Nutenbreite ~ 10 mm; abzüglich 1,8 mm in der Breite für Isolation und Zwischenraum, bleibt i. M. ~ 8,2 mm freie Wickelbreite, d. h. es gehen reichlich 3 Drähte nebeneinander.

Bei ~ 5 Lagen $\cong$ 12 mm + 6 mm für Isolation, Zwischenraum und Keil erscheint die zuerst kalkulierte Nutentiefe von 18 mm angemessen. Eine genaue Kontrolle wird sich durch Einzeichnen der Drähte im vergrößerten Maßstab (z. B. 3 : 1) ergeben.

Damit die Drähte auch im Rotor eingelegt werden können, machen wir die Nutenschlitzbreite hier ebenfalls 3 mm, Steghöhe $\cong$ 1 mm.

Maximaler Wellendurchmesser und damit Bohrung der Rotorbleche:

$$d \cong 19 \sqrt[4]{\frac{PS}{n}} = 19 \sqrt[4]{\frac{4{,}1}{1500}} \cong \mathbf{40\ mm.}$$

Da noch zwischen Welle und Kern etwa 15 mm übrig bleiben, sehen wir drei Ausschnitte (Kleeblattausschnitt) vor, welche die Ventilation begünstigen (Abb. 21).

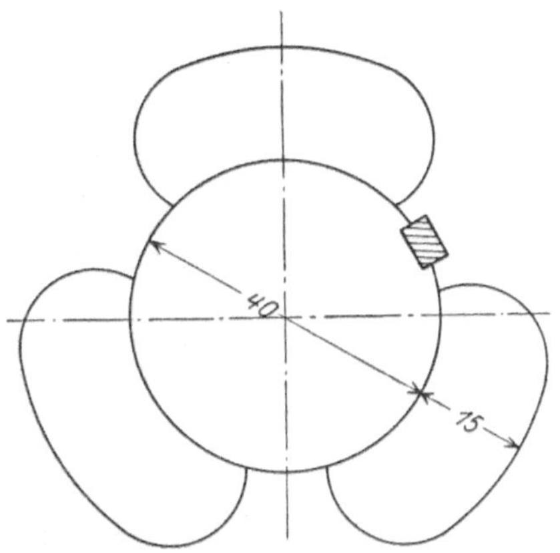

Abb. 21.

Widerstand der Stator- und Rotorwicklung.

$$ml_1 = l + 1{,}4\,\tau + 3.$$

Polteilung

$$\tau = \frac{14{,}5 \cdot \pi}{4} = \mathbf{11{,}4\ cm.}$$

$$ml_1 = 12{,}4 + 1{,}4 \cdot 11{,}4 + 3$$
$$= 31{,}4\ \text{cm} = \mathbf{0{,}314\ m.}$$

Ohmscher Widerstand einer Statorphase ist

$$rg_1 = \frac{ml \cdot z_1}{k \cdot q_1} = \frac{0{,}314 \cdot 384}{48 \cdot 1{,}75} = \mathbf{1{,}44\ \Omega.}$$

Effektiver Widerstand

$$r_1 = 1{,}44 \cdot 1{,}05 \cong \mathbf{1{,}5\ \Omega.}$$

Effektiver Spannungsverlust pro Phase

$$\varepsilon = Jp \cdot r_1 = 6{,}4 \cdot 1{,}5 = \mathbf{9{,}6\ Volt}\ \text{(ähnlich der Annahme).}$$

Im Rotor ist

$$ml_2 = l + 1{,}2\,\tau + 1 = 12{,}4 + 1{,}2 \cdot 11{,}4 + 1 \cong 27\ \text{cm} \cong \mathbf{0{,}27\ m}$$

$$rg_2 = \frac{0{,}27 \cdot 14 \cdot 8}{48 \cdot 3{,}78} = \mathbf{0{,}168\ \Omega.}$$

Effektiv $r_2 = 1{,}06 \cdot 0{,}168 = \mathbf{0{,}178\ \Omega.}$

Auf primär reduziert:

$$r_2' = \frac{0{,}178 \cdot \left(\frac{384}{2}\right)^2}{\left(\frac{112}{2}\right)^2} = 0{,}178 \cdot \frac{36\,700}{3\,130} = \mathbf{2{,}08\ \Omega.}$$

Daher Kurzschlußwiderstand

$$r_k = 1{,}5 + 2{,}08 = \mathbf{3{,}58\ \Omega.}$$

Statorreaktanz $r = 12$ mm $r_1 = 10{,}2$ mm.

$r_2 = 1$ mm $r_3 = 3{,}5$ mm.

Leitfähigkeit des Nutenraumes (Abb. 22) ($r_1 \sim bn_1$)

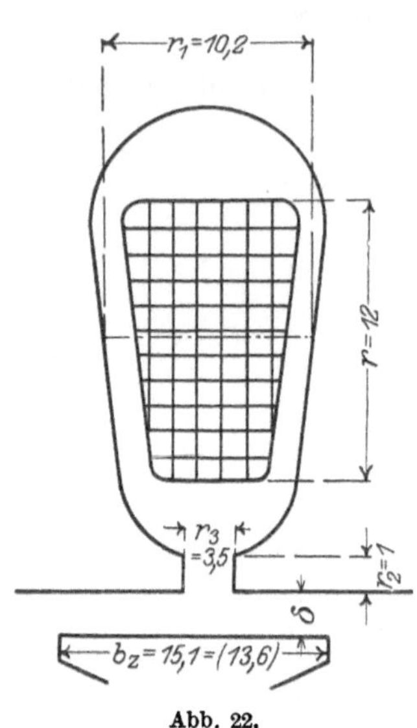

Abb. 22.

$$\lambda_n = 1{,}55\left(\frac{r}{3r_1} + \frac{r_2}{r_3}\right)$$

$$= 1{,}55 \cdot \left(\frac{12}{3 \cdot 10{,}2} = \frac{1}{3{,}5}\right)$$

$$= \mathbf{1{,}02}.$$

Leitfähigkeit an den Zahnköpfen

$$\lambda_k = \frac{1{,}2\,(bz_r - r_3)}{6\,\delta};$$

rechnerisch ist

$$bz_r = \frac{144{,}2 \cdot \pi}{24} - 3{,}5 = \mathbf{15{,}1\ mm}.$$

Da die Zahnbreite beim Rotor bedeutend größer ist als die Statorzahnteilung, kann letztere nur für bz_r eingesetzt werden, d. h. $bz_r = 13{,}6$ mm.

$$\lambda_k = \frac{1{,}2\,(13{,}6 - 3{,}5)}{6 \cdot 0{,}35} = \mathbf{5{,}8}.$$

Die Leitfähigkeit an den Stirnverbindungen (Abb. 23)

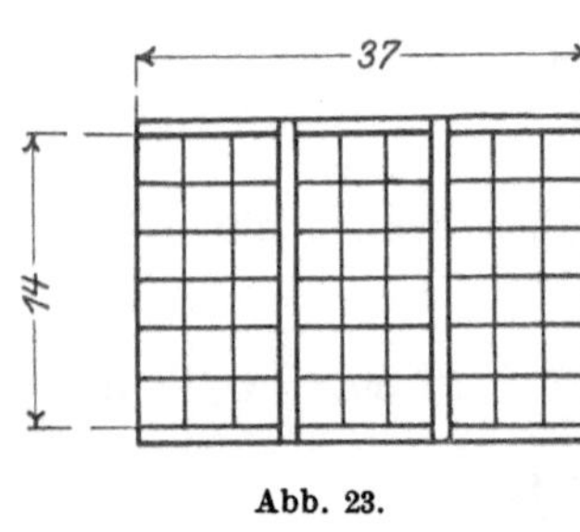

Abb. 23.

$$\lambda_s = 0{,}46 \cdot N_1 \cdot \lg \cdot \frac{1{,}5\, ls}{Us}.$$

$$Us = 2\,(a + b) = 2\,(14 + 37)$$

$$= 104 \text{ mm}$$

$$= \mathbf{10{,}4\ cm}.$$

$$ls_1 = ml_1 - l = 0{,}314 - 0{,}124$$

$$= 0{,}19 \text{ m}$$

$$= \mathbf{19\ cm}.$$

Mithin ist

$$\lambda_s = 0{,}46 \cdot 3 \cdot \lg \cdot \frac{1{,}5 \cdot 19}{10{,}4}$$

$$= 1{,}38 \cdot \lg 2{,}74$$

$$= \mathbf{0{,}605}.$$

$$\frac{ls}{li} \cdot \lambda_s = \frac{19}{11{,}6} \cdot 0{,}605 \cong \mathbf{1}.$$

$$\lambda_n + \lambda_k + \frac{ls}{li} \cdot \lambda_s = 1{,}02 + 5{,}8 + 1 = \mathbf{7{,}82}.$$

Daher wird die Statorreaktanz

$$Rs_1 = \frac{4\pi \cdot f \cdot \left(\frac{z_1}{2}\right)^2}{p \cdot N_1 \cdot 10^8} \cdot \Sigma \cdot li \cdot \lambda_i.$$

$$= \frac{4 \cdot \pi \cdot 50 \cdot 192^2}{2 \cdot 3 \cdot 10^8} \cdot 7{,}82 \cdot 11{,}6$$

$$= \mathbf{3{,}5}.$$

Rotorreaktanz (Abb. 24). $r_1 = 10$ mm $r' = 11{,}5$ mm
$r_2 = 1$ mm $r_3 = 3{,}5$ mm.

Leitfähigkeit des Nutenraumes

$$\lambda_n = 1{,}55\left(\frac{11{,}5}{3 \cdot 10} + \frac{1}{3{,}5}\right) = \mathbf{1{,}04}.$$

Leitfähigkeit an den Zahnköpfen

$$\lambda_k = \frac{1{,}2\,(bz_s - r_3)}{6\,\delta}.$$

$$bz_s = \frac{145 \cdot \pi}{36} - 3{,}5 = \mathbf{9{,}1\ mm}.$$

$$\lambda_k = \frac{1{,}2\,(9{,}3 - 3{,}5)}{6 \cdot 0{,}35} = \mathbf{3{,}3}.$$

Leitfähigkeit an den Stirnverbindungen

$$\lambda_s = 0{,}46 \cdot N_2 \cdot \lg \cdot \frac{1{,}5 \cdot ls}{Us}.$$

$$Us = 2\,(a + b) = 2\,(13{,}5 + 23) = 73 \text{ mm}$$

$$= \mathbf{7{,}3\ cm}.$$

$$ls = ml_2 - l = 0{,}27 - 0{,}124 = 0{,}146.$$

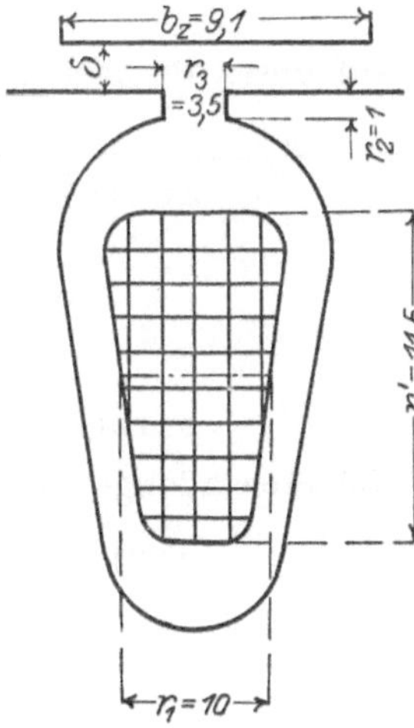

Abb. 24.

Mithin ist

$$\lambda_s = 0{,}46 \cdot 2 \cdot \lg \frac{1{,}5 \cdot 14{,}6}{10{,}4}$$

$$= 0{,}92 \cdot \lg 2{,}1$$

$$= \mathbf{0{,}295}.$$

$$\frac{ls}{li} \cdot \lambda_s = \frac{14{,}6}{11{,}6} \cdot 0{,}295 = \mathbf{0{,}37}.$$

$$\lambda_n + \lambda_k + \frac{ls}{li} \cdot \lambda_k = 1{,}04 + 3{,}3 + 0{,}37 = \mathbf{4{,}71}.$$

Daher wird die Rotorreaktanz

$$Rs_2 = \frac{4 \cdot \pi \cdot 50 \cdot 56^2}{2 \cdot 2 \cdot 10^8} \cdot 4{,}71 \cdot 11{,}6 = \mathbf{0{,}274\ \Omega}.$$

Auf primär reduziert

$$Rs_2' = \left(\frac{192}{56}\right)^2 \cdot 0{,}274 = \mathbf{3{,}2\ \Omega}.$$

Kurzschlußreaktanz

$$Rs_k = Rs_1 + Rs_2' = 3{,}5 + 3{,}2 = \mathbf{6{,}7\ \Omega}.$$

Kurzschlußimpedanz

$$Z_k = \sqrt{r_k^2 + Rs_k^2} = \sqrt{3{,}58^2 + 6{,}7^2} = \mathbf{7{,}6\ \Omega}.$$

Kurzschlußstrom in der Phase

$$J = \frac{Ep}{Z_k} = \frac{220}{7{,}6} = \mathbf{28{,}8\ Ampere.}$$

Bei kleinen Motoren begnügt man sich vielfach mit einer angenäherten Berechnung des Kurzschlußstromes nach praktischen Formeln, z. B. nach 53:

$$J_k = \frac{D \cdot B_{l\,mittel}}{z_1\left[4\left(\frac{1}{N_1} + \frac{1}{N_2}\right) + 0{,}67 \cdot \frac{ml - la}{la}\right]}.$$

Auf unser Beispiel angewendet, würde sich ergeben:

$$J_k = \frac{14{,}5 \cdot 3500}{384\left[4\left(\frac{1}{3} + \frac{1}{2}\right) + 0{,}67 \cdot \frac{31{,}4 - 11{,}3}{11{,}3}\right]} \cong \mathbf{29\ Ampere.}$$

$$\cos\varphi_k = \frac{r_k}{Z_k} = \frac{3{,}58}{7{,}6} = \mathbf{0{,}47.}$$

Berechnung der Amperewindungen.

Amperewindungen für den Statorkern.

$$aw_{k_1} \cdot l_{k_1} = l_{k_1} \cdot \frac{4\,aw_{k\,mittel} + aw_{k\,max}}{6}.$$

$$l_{k_1} \cong \frac{20{,}4 \cdot \pi}{4} \cong 16\ \text{cm}.$$

$$\left.\begin{array}{r} Ba_{max.} = 11000;\ aw = 4 \\ \text{arithmetisch: } Ba_{mittel} = 5500;\ aw = 1 \end{array}\right\} \text{(lt. Magnetkurve).}$$

$$aw_{k_1} \cdot l_{k_1} = 16 \cdot \frac{4 \cdot 1 + 4}{6} = 21{,}3 \sim \mathbf{22.}$$

Amperewindungen für die Statorzähne ($Bz_{max} = 17500$).

$$aw_{z_1} \cdot l_{z_1} = 90 \cdot 2 = 180.$$

Amperewindungen für die Rotorzähne ($Bz_{max} = 18000$)

$$aw_2 \cdot lz_2 = 110 \cdot 2 = 220.$$

$$\Sigma\, aw_z = 180 + 220 = 400.$$

Amperewindungen für den Luftspalt (vorläufig)

$$Bl = \frac{\Phi}{\alpha \cdot \tau \cdot li} = \frac{0{,}5 \cdot 10^6}{0{,}637 \cdot 11{,}4 \cdot 11{,}6} \cong \mathbf{6000.}$$

$$Aw_l = 0{,}8 \cdot Bl \cdot 2\delta \cdot ks = 0{,}8 \cdot 6000 \cdot 0{,}07 \cdot 1{,}12 = \mathbf{380.}$$

Faktor $$kz = \frac{380 + 400}{380} = 2{,}05.$$

$$\alpha' = \alpha + \frac{kz - 1}{18} = 0{,}637 + 0{,}058 = \mathbf{0{,}695.}$$

Wirksame Luftinduktion

$$Bl'_{max} = \frac{2 \cdot Bl_{max}}{\pi \cdot \alpha'} = \frac{2 \cdot 6000}{\pi \cdot 0{,}695} \cong \mathbf{5500.}$$

Tatsächliche Amperewindungszahl für den Luftweg

$$Aw_l = 0{,}8 \cdot 5500 \cdot 0{,}07 \cdot 1{,}09 = \mathbf{335.}$$

Endgültige Zahnamperewindungen.

$(\mathbf{awz_1 \cdot lz_1})$

$$Bz'_{max} = \frac{17\,500 \cdot 0{,}637}{0{,}695} = \mathbf{16\,000.}$$

Laut Magnet.-Kurve dazu aw = 35.

$$awz_1 \cdot lz_1 = 2 \cdot 30 = \mathbf{60.}$$

$$Bz''_{max} = \frac{18\,000 \cdot 0{,}637}{0{,}694} = 16\,500.$$

Dazu $aw = 45.$

$$awz_2 \cdot lz_2 = 2 \cdot 45 = 90.$$

$$Awz = 60 + 90 = \mathbf{150.}$$

Amperewindungen für den Rotorkern.

$$aw_r \cdot l_r = l_r \cdot \frac{4\, aw_{mittel} + aw_{r\,max}}{6}$$

$$l_r \cong \frac{8{,}5 \cdot \pi}{4} \cong 7 \text{ cm.}$$

$$Br_{max} = 12\,000; \text{ dazu } aw = 5{,}4.$$

$$Br_{mittel} = \frac{0 + 12\,000}{2} = 6000; \text{ dazu } aw = 1{,}8.$$

$$aw_r \cdot l_r = 7 \cdot \frac{4 \cdot 1{,}8 + 5{,}4}{6} \cong 15.$$

$$\Sigma\, AW_p = 22 + 15 + 150 + 335 = \mathbf{522.}$$

Magnetisierungsstrom (Blindkomponente)

$$i = \frac{0{,}74 \cdot p \cdot AW_p}{z_1}$$

$$= \frac{0{,}74 \cdot 2 \cdot 522}{384} = \mathbf{2{,}02 \text{ Ampere.}}$$

Eisenverluste.

1. Hysteresisverluste im Statorkern

$$W_H = \eta \cdot B_{max}^{1,6} \cdot f \cdot V \cdot 10^{-7} \text{ Watt.}$$

$$\eta = 0{,}001 \text{ (für gutes Eisenblech)}$$

$$V = 20{,}5 \cdot \pi \cdot 11{,}3 \cdot \frac{3{,}9}{2} = 1430 \text{ cm}^2.$$

$$W_H = 0{,}001 \cdot 12\,000^{1,6} \cdot 50 \cdot 2860 \cdot 10^{-7} \text{ Watt} = \mathbf{24 \text{ Watt.}}$$

2. Hysteresisverluste in den Statorzähnen

$V_z = 36 \cdot 0{,}43 \cdot 2{,}2 \cdot 11{,}3 = 385\ cm^3.$

$W_{Hz} = 0{,}001 \cdot 16\,000^{1,6} \cdot 50 \cdot 350 \cdot 10^{-7}$ Watt = **13 Watt.**

3. Wirbelstromverluste im Statorkern

$W_{w1} = 1{,}8 \cdot V \cdot B^2 \cdot \delta^2 \cdot f^2 \cdot 10^{-13}$ Watt

$= 1{,}8 \cdot 1430 \cdot 12\,000^2 \cdot 0{,}5^2 \cdot 50^2 \cdot 10^{-13} =$ **23 Watt.**

4. Wirbelstromverluste in den Statorzähnen

$W_{w2} = 1{,}8 \cdot 385 \cdot 16\,000^2 \cdot 0{,}5^2 \cdot 50^2 \cdot 10^{-13}$ Watt = **11 Watt.**

5. Die zusätzlichen Verluste (Oberflächen- und Zahnpulsationsverluste).

Bei Motoren mit Leistungen $<$ 5 kW ist es unpraktisch, diese kleinen Verluste zu berechnen. Man kann sie mit etwa 40 vH der Wirbelstromverluste annehmen, d. h.

$W_z = 0{,}40 \cdot 44 \cong$ **18 Watt.**

Summe aller Eisenverluste = 24 + 13 + 23 + 11 + 18 = **89 Watt.**

Stromwärmeverlust bei Leerlauf

$W_{Cu_0} = 3 \cdot i_0^2 \cdot r_1 = 3 \cdot 2{,}02^2 \cdot 1{,}5 \cong$ **20 Watt.**

Stromwärmeverlust bei Vollast.

Stator: $W_{Cu_1} = 3 \cdot J_p^3 \cdot r_1 = 3 \cdot 6{,}4^2 \cdot 1{,}5 =$ **183 Watt.**

Rotor: $W_{Cu_2} = 3 \cdot J_2^2 \cdot r_2 = 3 \cdot 20^2 \cdot 0{,}179 =$ **214 Watt.**

Verluste durch Lagerreibung.

$W_{La} = 0{,}7 \cdot d_z \cdot l_z \cdot \sqrt{v_z{}^3}$ Watt.

$d_z = 3$ cm; $l_z = 2 \cdot 5{,}5 = 11$ cm.

$$v_z = \frac{d_z \cdot \pi \cdot n}{60} = \frac{0{,}03 \cdot \pi \cdot 1430}{60} = \mathbf{2{,}24\ m/sek.}$$

$W_{La} = 0{,}7 \cdot 3 \cdot 11\,\sqrt{2{,}24^3} =$ **78 Watt.**

Verluste durch Luftreibung. Diese können mit etwa 1/3 der Lagerreibungsverluste angenommen werden, d. h.

$W_{Lu} =$ **26 Watt.**

Verluste durch Schleifringreibung.

$W_r = 9{,}81 \cdot v_s \cdot F_b \cdot g \cdot fr.$

$d_s = 110$ mm; $V_s = 8{,}7$ m/sek.; $F_b = 3\,(1 \cdot 2{,}5) =$ **7,5 cm²**;

$g = 125$ g/cm²; $fr = 0{,}2.$

$W_r = 9{,}81 \cdot 8{,}7 \cdot 7{,}5 \cdot 0{,}125 \cdot 0{,}2 =$ **16 Watt.**

Summe der Leerlaufverluste.

$W_o = 89 + 20 + 78 + 26 + 16 =$ **229 Watt.**

Daraus ergibt sich für die Wirkkomponente des Leerlaufstromes

$$i_w = \frac{229}{3 \cdot 220} = \mathbf{0{,}35\ Ampere.}$$

Schließlich ist der Leerlaufstrom pro Phase

$$i_0 = \sqrt{2{,}02^2 + 0{,}35^2} = \mathbf{2{,}05\ Ampere.}$$

Summe aller Verluste bei Vollast (als Schleifringläufer).

$$W = 89 + 183 + 214 + 78 + 26 + 16 = \mathbf{606\ Watt.}$$

Verteilung der Verluste in Prozenten:

Eisenverluste . . $\sim$ 2,5 vH
Kupferverluste . $\sim$11,0 vH
Reibungsverluste $\sim$ 3,5 vH.

Daher Wirkungsgrad bei Vollast

$$\eta = \frac{3000}{3000 + 606} = 0{,}83 \text{ (wie Annahme).}$$

Nun kann man für diesen kleinen Motor mit ziemlicher Genauigkeit ohne Diagramm die maximale Leistung bestimmen, und zwar nach der Formel

$$\boxed{L_{max} = m_1 \cdot Ep \cdot \frac{J_k - i_0}{2(1 + \cos\varphi_k)}}.$$

Werte eingesetzt, ergibt

$$L_{max} = 3 \cdot 220 \cdot \frac{28{,}8 - 2{,}05}{2(1 + 0{,}47)} = 6000 \text{ Watt.}$$
$$= \mathbf{6\ kW.}$$

Das bedeutet eine 100proz. Überlastbarkeit, d.h. als Schleifringmotor hat die Maschine ein Kippmoment von **2**, entspricht also den Normen.

Kupfergewichte:

1. Statorwicklung

$$G_1 = 3 \cdot ml_1 \cdot z_1 \cdot q_1 \cdot s \cdot \text{Gramm.}$$
$$= 3 \cdot 0{,}314 \cdot 384 \cdot 1{,}76 \cdot 9{,}3 = 6000 \text{ g} = \mathbf{6\ kg.}$$

2. Rotorwicklung

$$G_2 = 3 \cdot 0{,}27 \cdot 112 \cdot 3{,}45 \cdot 9{,}3 = 2900 \text{ g} = \mathbf{2{,}9\ kg.}$$

b) Ausführung mit Kurzschlußläufer.

Gewählt 28 Nuten; Schlitze 0,5 $\times$ 1 mm.

Phasenzahl $m_2 = \frac{28}{2} = 14.$

Der Phasenwinkel $\beta = \frac{2\pi \cdot p}{z_2} = \frac{2\pi}{m_2}.$

$$= \frac{6{,}28}{14} = \mathbf{0{,}45.}$$

Phasenstrom $Jp_2 \cong 0{,}9 \cdot \frac{m_1 \cdot k_1 \cdot z_1}{m_2 \cdot z_2} \cdot Jp_1.$

$$\cong 0{,}9 \cdot \frac{3 \cdot 0{,}96 \cdot 384}{14 \cdot 1} \cdot 6{,}4 = \mathbf{460\ Ampere.}$$

Ringstrom $Jr = \frac{i_2}{2 \cdot \sin \frac{\pi}{m_2}} = \frac{230}{4 \cdot 0{,}224} = \mathbf{515\ Ampere.}$

Stabquerschnitt $q_2 = \frac{i_2}{s_2} = \frac{220}{5{,}7} = \mathbf{40{,}2\ mm^2.}$

Stabdurchmesser **7,2 mm.**

Lochdurchmesser (Nut) **7,5 mm.**

Querschnitt der Kurzschlußringe

$$Q_R = \frac{Jr}{s_r} = \frac{515}{6} = \mathbf{86\ mm^2}$$

gewählt = **6 × 15 mm.**

Der Widerstand eines Stabes ist:

$$r_s = \frac{0{,}124}{48 \cdot 40{,}5} = \mathbf{0{,}64 \cdot 10^{-4}\ \Omega.}$$

Widerstand eines Ringsegmentes zwischen 2 Stäben

$$r_r = \frac{0{,}137 \cdot \pi}{28 \cdot 48 \cdot 86} = \mathbf{0{,}37 \cdot 10^{-5}\ \Omega.}$$

Effektiver Widerstand, reduziert:

$$r'_{II} = 1{,}15 \cdot \frac{4 \cdot 3 \cdot (192 \cdot 0{,}96)^2}{28} \left[0{,}64 \cdot 10^{-4} + \frac{2 \cdot 0{,}37 \cdot 10^{-5}}{(2 \sin 12{,}9^0)^2}\right].$$

$$= \mathbf{1{,}7\ \Omega.}$$

Rotorreaktanz. Auf den Stator reduziert, ergibt

$$Rs'_2 = \frac{4 \cdot m_1 \left(\frac{z_1}{2} \cdot c\right)^2 \cdot p \cdot Rs_2}{N_{II}}.$$

Darin ist $p \cdot Rs_2 = \pi \cdot f \cdot \sum (li \cdot \lambda_i) \cdot 10^{-8}$

und ferner $\sum (li \cdot \lambda_i) = li \left[\lambda_n + \lambda_k + \frac{ls}{li} \cdot \frac{2\,\lambda_s}{\left(2 \sin \frac{\pi \cdot p}{N_{II}}\right)^2}\right].$

Die Leitfähigkeit des Nutenraumes (Abb. 11).

$$\lambda_n = 1{,}2\left(0{,}63 + \frac{r_2}{r_1}\right)$$

$$\lambda_n = 1{,}2\left(0{,}63 + \frac{0{,}5}{1}\right) = \mathbf{1{,}36.}$$

Die Leitfähigkeit an den Zahnköpfen

$$\lambda_k = \frac{1{,}2\,(bz_s - r_1)}{6\,\delta}. \qquad bz_s = 9{,}7\ \text{mm.}$$

$$= \frac{1{,}2\,(9{,}7 - 1)}{6 \cdot 0{,}35} = \mathbf{5.}$$

Die Leitfähigkeit an den Stirnverbindungen.

$$\lambda s = 0{,}46 \cdot \frac{1{,}5 \cdot \pi \cdot Dr}{2\,(a + b)}.$$

$$Dr \cdot \pi = (14{,}5 - 1{,}5) \cdot \pi = 41 \text{ cm}.$$

$$2\,(a + b) = 2\,(0{,}6 + 1{,}5) = \mathbf{4{,}2\ cm.}$$

$$\lambda s = 0{,}46 \cdot \lg \cdot \frac{1{,}5 \cdot 41}{4{,}2} = \mathbf{0{,}54.}$$

$$ls = \frac{\pi \cdot Dr}{N_{II}} = \frac{\pi \cdot 13}{28} = 1{,}46.$$

$$\sum li\lambda_i = 11{,}6 \left[1{,}36 + 5 + \frac{1{,}46}{11{,}6} \cdot \frac{2 \cdot 0{,}54}{\left(2 \cdot \sin \cdot \frac{\pi \cdot 2}{28}\right)^2}\right]$$

$$= 82.$$

Daher ist $p \cdot Rs_2 = \pi \cdot 50 \cdot 82 \cdot 10^{-8} = \mathbf{1{,}3 \cdot 10^{-4}}.$

$$Rs_2' = \frac{4 \cdot 3\,(192 \cdot 0{,}96)^2}{28} \cdot 1{,}3 \cdot 10^{-4} \cong \mathbf{1{,}9.}$$

Kurzschlußreaktanz $Rs_k = Rs_1 + Rs_2' = 3{,}5 + 1{,}9 = \mathbf{5{,}4\ \Omega}.$

Kurzschlußwiderstand $r_k = r_1 + r_2' = 1{,}5 + 1{,}7 = \mathbf{3{,}2\ \Omega}.$

Kurzschlußimpedanz $Z_k = \sqrt{r_k^2 + Rs_k^2} = \sqrt{3{,}2^2 + 5{,}4^2}$

$$\cong \mathbf{6{,}3\ \Omega}.$$

Kurzschlußstrom pro Phase.

$$J_k = \frac{Ep}{Z_k} = \frac{220}{6{,}3} = \mathbf{34{,}8\ Ampere.}$$

Das ist ein etwa 20 vH höherer Kurzschlußstrom als bei Schleifringausführung.

Nun ist $\cos \varphi_k = \frac{r_k}{Z_k} = \frac{3{,}2}{6{,}3} = \mathbf{0{,}505}.$

Mithin Maximalleistung

$$L_{max} = 3 \cdot 220 \cdot \frac{34{,}8 - 2{,}02}{2\,(1 + 0{,}505)} = \mathbf{7{,}13\ kW.}$$

Das bedeutet eine Überlastbarkeit um etwa 140 vH oder ein Kippmoment von **2,4.**

Nachdem der Stator-Kupferverlust 183 Watt beträgt, kann der Kupferverlust beim Kurzschlußläufer in einfacher Weise umgerechnet werden.

Es ist $W'_{Cu_2} = \frac{183 \cdot 0{,}9^2 \cdot 1{,}7}{1{,}5} = \mathbf{170\ Watt.}$

Daher Gesamtverluste

$$W = 89 + 183 + 170 + 78 + 26 = \mathbf{546\ Watt.}$$

Wirkungsgrad bei Vollast

$$\eta = \frac{3000}{3546} = 0{,}85 \text{ (wie Annahme).}$$

Berechnung Nr. 1.

Drehstrom-Motor.

3 kW (*4,1* PS), *220* Volt; *11,1/6,4* Amp.; ∼*1500* Touren (leer); ∼*1430* Touren (Vollast); *4* Pole; *50* Perioden; $\cos\varphi = 0{,}85$; $\eta = 0{,}84$; *Dauer*-Betrieb; *offene* Ausführung.

AS *165*. Luftind. *5500*.
Zahninduktionen S *16 000*.
Zahninduktionen R *16 500*.
Rückeninduktion *12 000*.

$$\text{Kraftfluß (Stator)} = \frac{209 \cdot 10^8}{2{,}13 \cdot 50 \cdot 384} = \mathbf{0{,}5 \cdot 10^6}.$$

Stator.

Außendurchmesser: *224* mm
Bohrung: *145* mm
Luftspalt: *0,35* mm
Eisenlänge (*ideell*): *116* mm
Paketlänge: *124*, aktiv *113* mm
200 Bleche à *0,5* mm
2 Endbleche à *1,5* mm
Rückentiefe: *19,5* mm
Nutenzahl: *36*
Nuten pro Pol und Phase: *3*

Nutenbreite: *9,3/10,8* mm
Nutentiefe: *19* mm
Zahnteilungen: *15,1/13,6* mm
Zahnbreite: oben *4,3*, unten 4
Drähte (Windg.) pro Nut *32*
Draht ⌀ bl. *1,5* mm, isol. *1,7* (mm)
Spulenzahl pro Kern: *6*
Schaltung der Spulen: Serie
Phasenschaltung: Dreieck
Isolation: Preßspan: *0,4* mm

Erregerstrom: *2,02 Amp.*
Leerlaufstrom: *2,05 Amp.*
Mittlere Windungslänge: *0,314* m
Länge pro Phase: *121* m
Drahtquerschnitt: *1,76* mm²
Stromdichte: *3,65* Amp/mm²
Widerstand pro Phase (K-58): *1,25* Ohm
Widerstand pro Phase (K-48): *1,5* Ohm
Spannungsabfall: ∼*10* Volt
Kupfergew. Hauptwickl.: *6* kg

Teil	Material	𝔅	l cm	aw	AW
Statorjoch	Ankerblech	*11 000*	*16*	*4/1*	*22*
Statorzähne	Ankerblech	*16 000*	∼ *2*	*35*	*60*
Luft	—	*55 00*	*0,07*	—	*335*
Rotorzähne	Ankerblech	*16 500*	∼ *2*	*4,5*	*90*
Rotorkern	Ankerblech	*12 000*	*7*	*1,8*	*15*
				Sa.	*522*

Rotor.

Außendurchmesser: *144,3* mm
Innendurchmesser (Welle): *40* (*32*) mm
Eisenlänge (wirksam): 1*16* mm
200 Bleche à *0,5* mm
Paketlänge: *124* (*113*) mm
2 Endbleche à *1,5* mm
Nutenzahl: *24* (*28*)
Nuten pro Pol und Phase: *2*
Nutenbreite: *11,2/8,3* mm

Nutentiefe: *18* mm
Art der Wicklung: *Schleifring (u. K.-Ausf.)*
Phasenzahl: *3* (*14*)
Drähte pro Nut (Windg): *14* (*1*)
Draht ⌀ bl. *2,1* mm, isol. *2,3* (mm)
Drahtquerschnitt: *3,45* mm²
Schaltung der Spulen: Serie
Schaltung der Phasen: Stern
Mittlere Windungslänge: *0,27* m

Länge der Phase: *30,3* m
Zahnteilungen: *17,4/15* mm²
Zahnbreite: oben *11,2* mm, unten *8,3*
Stabquerschnitt: (*40,2* = *7,2* ⌀)
Stromdichte: *5,6* Amp/mm²
Kurzschlußringe: (*6*×*15*) mm²
Widerstand pro Phase (k-48): *0,178* Ohm
Kupfergewicht: *2,9* kg
Anlasser: { *114* Volt, *20* Amp.

27. Zweites ausführliches Beispiel.

Asynchroner Drehstrommotor **250 kW**, 6000 Volt, 42,5 Per., $\sim 637 / \sim 620$ U/m (achtpolig).

Normale, offene Ausführung mit Kurzschluß- und Bürstenabhebevorrichtung.

Schaltung der Statorwicklung in Stern.

Vorläufige Annahmen: $\cos\varphi = 0{,}9$; Wirkungsgrad $\eta = 0{,}93$ bei 1 vH Tol. $\varepsilon = 3\%$. AS = 325. $B_{l\,max} = 7200$; $\lambda = \frac{li}{D} = 0{,}3$.

Stromverbrauch:

$$J = \frac{250000}{6000 \cdot \sqrt{3} \cdot 0{,}9 \cdot 0{,}93} = \mathbf{28{,}5\ Ampere.}$$

$$Ep = \frac{6000}{\sqrt{3}} = \mathbf{3470\ Volt.} \quad \varepsilon = 0{,}03 \cdot 3470 = \mathbf{104\ Volt.}$$

Bohrung
$$D = \sqrt[3]{\frac{17 \cdot Ep' \cdot Jp \cdot 10^8}{\frac{2}{\pi} \cdot B_{l\,max} \cdot n \cdot AS \cdot \lambda}}$$
$$= \sqrt[3]{\frac{17 \cdot 3366 \cdot 28{,}5 \cdot 10^8}{\frac{2}{\pi} \cdot 7200 \cdot 637 \cdot 325 \cdot 0{,}3}}.$$
$$= \mathbf{83{,}5\ cm.}$$

Luftspalt
$$\delta = 0{,}02 + \frac{D}{900} = 0{,}02 + \frac{83{,}5}{900}$$
$$= 0{,}113\ \text{cm} \cong \mathbf{1{,}2\ mm.}$$

Rotordurchmesser: $D' = 835 - 2 \cdot 1{,}2 = \mathbf{832{,}6\ mm.}$

Ideelle Eisenpaketlänge: $li = D \cdot \lambda = 83{,}5 \cdot 0{,}3 = \mathbf{25\ mm.}$

Es werden 3 Pakete mit 2 Luftschlitzen von je 1 cm angeordnet, daher Längenverhältnis $la : li = 1 : 1{,}05$ gesetzt, d. h.

$$la \cong \mathbf{24\ cm.}$$

Wirkliche Gesamtpaketlänge

$$l = 24 + 0{,}1 \cdot 24 = \mathbf{26{,}4\ cm.}$$

Tatsächliche Länge mit Luftschlitzen

$$l_1 = 26{,}4 + 2 \cdot 1 = \mathbf{28{,}4\ cm.}$$

Drahtzahl pro Phase

$$z_1 = \frac{AS \cdot D \cdot \pi}{3 \cdot Jp} = \frac{325 \cdot 83{,}5 \cdot \pi}{3 \cdot 28{,}5} \cong \mathbf{1000\ Drähte.}$$

Gewählt 4 Nuten pro Pol und Phase, daher ergeben sich insgesamt $4 \cdot 8 \cdot 3 = 96$ Nuten bezw. 32 Nuten pro Phase.

Drahtzahl pro Nut $\frac{1000}{32} \cong$ **32 Drähte.**

Drahtquerschnitt $q = \frac{J_p}{s_1} = \frac{28,5}{3,4} = \mathbf{8,4\ mm^2}$.

Dementsprechend ist der Drahtdurchmesser **3,3 mm** blank, 3,6 mm isoliert. (2 × Baumwolle besp.)

Kraftlinienfluß

$$\Phi = \frac{3366 \cdot 10^8}{2,13 \cdot 42,5 \cdot 1024} \cong \mathbf{3,6 \cdot 10^6} \text{ Maxwell.}$$

Nutendisposition des Stators.

$$\text{Innenteilung } t = \frac{835 \cdot \pi}{96} = \mathbf{27,4\ mm.}$$

Die minimale Zahnstärke wird bei nahezu rechteckiger Nut etwa 6 mm von der Bohrung entfernt herrschen. An dieser Stelle ergibt sich eine Zahnteilung von

$$t_1 = \frac{(835 + 12) \cdot \pi}{96} = \mathbf{27,8\ mm.}$$

Da die Periodenzahl 15% unter der normalen liegt, für welche im allgemeinen die Induktionen angegeben werden, kann man mit der magnetischen Beanspruchung in diesem Falle ca. 7 bis 8% höher gehen, d. h. wir wählen B_{max} anstatt ca. $17500 \geqq 19000$.

Dabei wird die minimale Zahnstärke

$$Z'_{min} = \frac{\Phi}{9 \cdot B_{max} \cdot \frac{2}{\pi} \cdot li} = \frac{3,6 \cdot 10^6}{12 \cdot 19000 \cdot \frac{2}{\pi} \cdot 25} = \mathbf{0,98\ cm \sim 9,8\ mm.}$$

Somit Nutenbreite $b_{n_1} = 27,8 - 9,8 = \mathbf{18\ mm.}$

Unter Berücksichtigung einer entsprechenden Hochspannungsisolation werden wir in der Breite 4 Drähte vorsehen, so daß sich acht Lagen ergeben (Abb. 25).

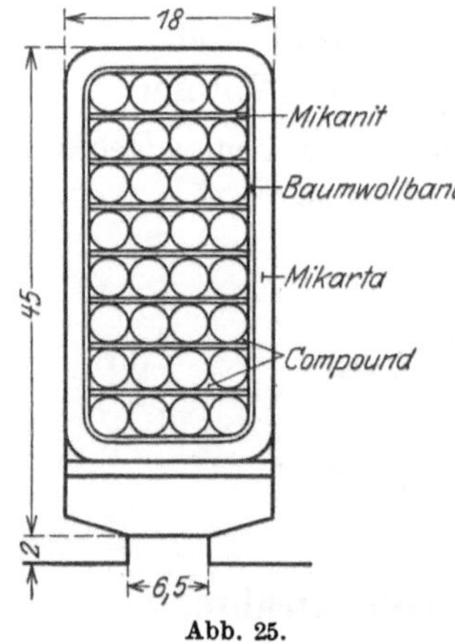

Abb. 25.

Gesamte Nutentiefe 45 mm. Teilung am Zahnfußkreis:

$$t_a = \frac{929 \cdot \pi}{96} = \mathbf{30,5\ mm.}$$

Maximale Zahnstärke

$$Z'_{max} = 30,5 - 18 = 12,5 \text{ mm.}$$

Nutenschlitz 6,5 mm breit, 2 mm hoch.

Statorkern. Die Kernhöhe ist

$$h = \frac{\Phi}{2 \cdot li \cdot Ba};$$

gewählt $Ba_{max} = 12\,800$.

$$h = \frac{3,6 \cdot 10^6}{2 \cdot 25 \cdot 12\,800} = 5,65 \text{ cm} \sim \mathbf{57\ mm.}$$

Außendurchmesser des Statorblechpakets

$$Da = 835 + 2 \cdot 47 + 2 \cdot 57 = 1043 \sim \mathbf{1045\ mm.}$$

Tatsächliche Rückenhöhe

$$\frac{1045 - 835 - 94}{2} = \mathbf{58\ mm.}$$

Endgültige maximale Rückeninduktion

$$Ba_{max} = \frac{12\,800 \cdot 56{,}5}{58} = \mathbf{12\,500.}$$

Rotorkern.

Gewählt $Br_{max} \cong 13\,000.$

$$h_R = \frac{3{,}6 \cdot 10^6}{2 \cdot 25 \cdot 13\,000} \cong 5{,}5\ \text{cm} = \mathbf{55\ mm.}$$

Rotorwicklung und Blechschnitt. Es kommt eine Stabwicklung in Frage, für welche wir 2 Stäbe pro Nut festlegen. Als Nutenzahl wählen wir zur Erzielung einer mäßigen Stromstärke die nächst höhere über Statornutenzahl, d. h. 5 Nuten pro Pol und Phase, bzw.

$$5 \cdot 8 \cdot 3 = \mathbf{120\ Nuten.}$$

Rotorspannung bei Sternschaltung (Stillstand)

$$E_2 = \frac{z_2 \cdot \sqrt{3} \cdot Ep_1}{z_1} = \frac{2 \cdot 40 \cdot \sqrt{3} \cdot 3470}{1024} = \mathbf{470\ Volt.}$$

Phasenspannung $Ep_2 = \frac{470}{\sqrt{3}} = \mathbf{270\ Volt.}$

Der Rotorstrom ist dann

$$J_2 \cong 0{,}9 \cdot \frac{m_1 \cdot Jp \cdot z_1}{m_2 \cdot z_2} = 0{,}9 \cdot \frac{3 \cdot 28{,}5 \cdot 1024}{3 \cdot 80} = \mathbf{330\ Ampere.}$$

Bei einer Stromdichte von 4,4 Amp./mm² ergibt sich ein Stabquerschnitt von

$$q_2 = \frac{J_2}{s_2} = \frac{330}{4{,}3} = \mathbf{77\ mm_2.}$$

Zur Festlegung der Stabdimension bestimmen wir zunächst die maximale Nutenbreite und zwar bei 30 mm Nutentiefe, Steg 2 mm. An dieser Stelle beträgt die Teilung

$$t_i = \frac{(832{,}6 - 2 \cdot 32) \cdot \pi}{120} = \mathbf{20{,}2\ mm.}$$

Bei einer maximalen Zahninduktion von $Bz_{2\,max} \leqq 20000$ ergibt sich eine minimale Zahnstärke von

$$Z'' = \frac{\Phi}{\frac{N}{2p} \cdot B_{max} \cdot \frac{2}{\pi} \cdot li}$$

$$= \frac{3{,}6 \cdot 10^6}{15 \cdot 20000 \cdot 0{,}637 \cdot 25} = 0{,}73\ \text{cm} = \mathbf{7{,}3\ mm.}$$

Maximale Nutenbreite $Z''_{max} \cong 20{,}2 - 7{,}3 = \mathbf{12{,}9\ mm.}$

Es wird nunmehr quadratischer Querschnitt mit stark abgerundeten Ecken gewählt: $9 \cdot 9$ mm $\cong 77$ mm².

Mit Band isoliert: $10 \cdot 10$ mm (Abb. 26).

Isolation in der Breite: $2 \cdot 0{,}8$ mm Preßspan $= 1{,}6$ mm
+ Ölleinen $2 \cdot 0{,}25 = 0{,}5$ „
Spielraum $= 0{,}6$ „
2,7 mm.

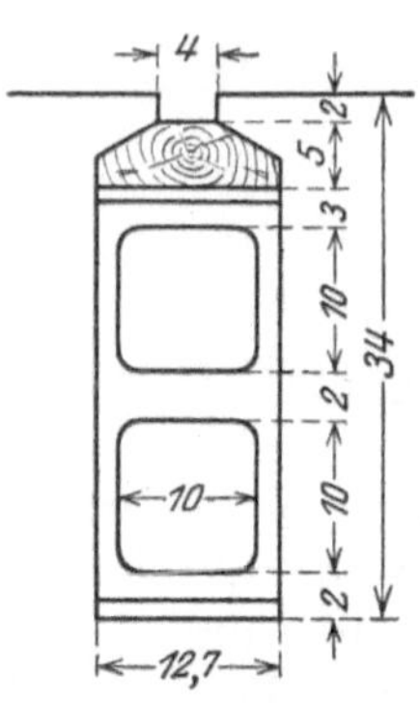

Abb. 26.

Tatsächliche Nutenbreite mithin:

$$10 + 2{,}7 = \mathbf{12{,}7\ mm.}$$

Isolation in der Tiefe:

Preßspan $3 \cdot 0{,}8 + 1 + 2 = 5{,}4$ mm
+ Ölleinen $3 \cdot 0{,}25 = 0{,}75$ „
Keil $= 5$ „
Spielraum $= 0{,}8$ „
11,95 mm
dazu Nutenschlitz 2 mm
13,95 mm.

Gesamte Nutentiefe: $2 \cdot 10 + 13{,}95 \cong \mathbf{34\ mm.}$

Tatsächliche, minimale Nutenteilung

$$t_i = \frac{(832{,}6 - 2 \cdot 34) \cdot \pi}{120} = \mathbf{20\ mm.}$$

Minimale Zahnbreite endgültig:

$$bz_{min} = 20 - 12{,}7 = \mathbf{7{,}3\ mm.}$$

Minimale Zahninduktion:

$$\text{Teilung } t_2 = \frac{(832{,}6 - 2 \cdot 5) \cdot \pi}{120} = \mathbf{21{,}7\ mm.}$$

$$Z''_{max} = 21{,}7 - 12{,}7 = \mathbf{9\ mm.}$$

Maximaler Zahnquerschnitt vor der Abschrägung im Polbereich

$$Qz_{2\,max} = 15 \cdot 0{,}9 \cdot 25 = \mathbf{338\ cm^2.}$$

$$Bz_{min} = \frac{\Phi}{Qz_{2\,max}} = \frac{3{,}6 \cdot 10^6}{338 \cdot \frac{2}{\pi}} = \mathbf{16\,700.}$$

Nutenschlitz: 4×2 mm (Breite $\times$ Steghöhe).

Innendurchmesser vom Rotorkern

$$D_i = 832{,}6 - 2 \cdot 36 - 2 \cdot 55 \cong \mathbf{650\ mm.}$$

Widerstand der Stator- und Rotorwicklung.

$$ml_1 = l + 1{,}4\,\tau + 8.$$

Polteilung $\tau = \frac{835 \cdot \pi}{8} = \mathbf{327\ mm.}$

$$ml_1 = 26{,}4 + 1{,}4 \cdot 32{,}7 + 8 \cong \mathbf{0{,}8\ m.}$$

Ohmscher Widerstand einer Statorphase:

$$rg_1 = \frac{L}{k \cdot q_1} = \frac{0{,}8 \cdot 1024}{48 \cdot 8{,}5} = \mathbf{2\ \Omega.}$$

Effektiver Widerstand:

$$r_1 = 2 \cdot 1{,}20 = \mathbf{2.4\ \Omega.}$$

Effektiver Spannungsabfall pro Phase:

$$\varepsilon = Jp \cdot r_1 = 28{,}5 \cdot 2{,}4 \cong \mathbf{70\ Volt.}$$

Im Rotor ist:

$$ml_2 = l + 1{,}4\,\tau + 5\,.$$
$$= 26{,}4 + 1{,}4 \cdot 32{,}7 + 5 = \mathbf{0{,}774\ m.}$$

Ohmscher Widerstand einer Rotorphase:

$$rg_2 = \frac{0{,}774 \cdot 80}{48 \cdot 83{,}5} = \mathbf{0{,}0155\ \Omega.}$$

Effektiver Widerstand:

$$r_2 = 0{,}0155 \cdot 1{,}20 = \mathbf{0{,}0186\ \Omega.}$$

Auf primär reduziert:

$$r'_2 = \frac{0{,}0186 \left(\frac{1024}{2}\right)^2}{\left(\frac{80}{2}\right)^2} = \mathbf{3{,}03\ \Omega.}$$

Daher Kurzschlußwiderstand

$$r_k = 2{,}4 + 3{,}03 = \mathbf{5{,}43\ \Omega.}$$

Statorreaktanz (Abb. 27).

$r = 33$ mm. $bn_1 = r_1 = 18$ mm.

$r_2 = 2$ mm. $r_3 = 6{,}5$ mm.

Leitfähigkeit des Nutenraumes

$$\lambda_n = 1{,}55\left(\frac{r}{3 \cdot r_1} + \frac{r_2}{r_3}\right) = 1{,}55\left(\frac{33}{3 \cdot 18} + \frac{2}{6{,}5}\right)$$
$$\lambda_n = \mathbf{1{,}42.}$$

Leitfähigkeit an den Zahnköpfen.

$$\lambda_k = \frac{1{,}2\,(bz_r - r_3)}{6\,\delta};$$

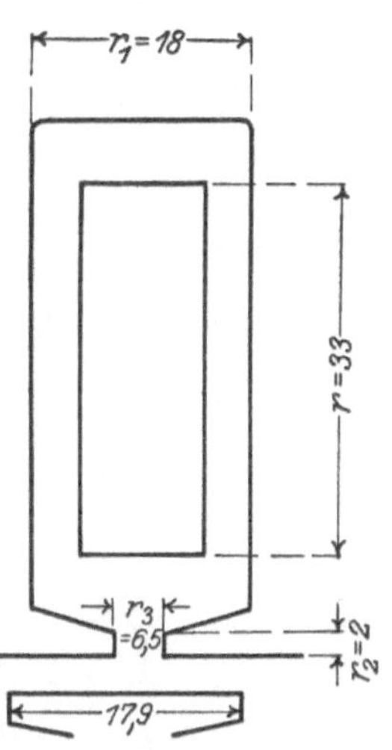

Abb. 27.

$$bz_r = \frac{832{,}6 \cdot \pi}{120} - 4 = 21{,}9 - 4 = \mathbf{17{,}9\ mm.}$$

$$\lambda_k = \frac{1{,}2\,(17{,}9 - 6{,}5)}{6 \cdot 1{,}2} = \mathbf{1{,}9.}$$

Die Leitfähigkeit an den Stirnverbindungen (Abb. 28).

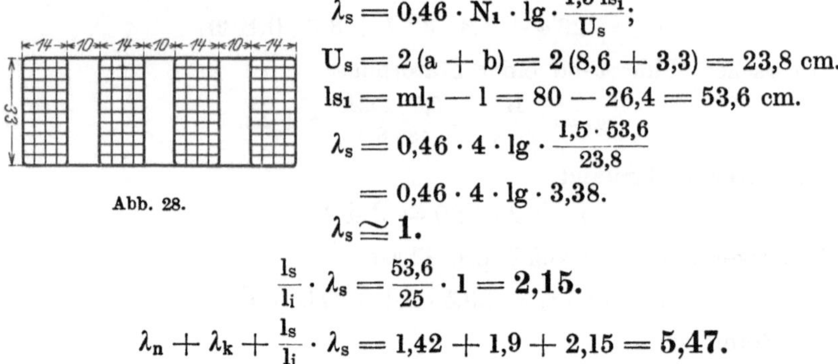

Abb. 28.

$$\lambda_s = 0{,}46 \cdot N_1 \cdot \lg \cdot \frac{1{,}5\, ls_1}{U_s};$$

$$U_s = 2\,(a + b) = 2\,(8{,}6 + 3{,}3) = 23{,}8 \text{ cm.}$$

$$ls_1 = ml_1 - l = 80 - 26{,}4 = 53{,}6 \text{ cm.}$$

$$\lambda_s = 0{,}46 \cdot 4 \cdot \lg \cdot \frac{1{,}5 \cdot 53{,}6}{23{,}8}$$

$$= 0{,}46 \cdot 4 \cdot \lg \cdot 3{,}38.$$

$$\lambda_s \cong \mathbf{1.}$$

$$\frac{l_s}{l_i} \cdot \lambda_s = \frac{53{,}6}{25} \cdot 1 = \mathbf{2{,}15.}$$

$$\lambda_n + \lambda_k + \frac{l_s}{l_i} \cdot \lambda_s = 1{,}42 + 1{,}9 + 2{,}15 = \mathbf{5{,}47.}$$

Daher wird die Statorreaktanz

$$Rs_1 = \frac{4 \cdot \pi \cdot f \cdot \left(\frac{Z_1}{2}\right)^2}{p \cdot N_1 \cdot 10^8} \cdot \Sigma\, li \cdot \lambda$$

$$= \frac{4 \cdot \pi \cdot 42{,}5 \cdot 512^2}{4 \cdot 4 \cdot 10^8} \cdot 25 \cdot 5{,}55 = \mathbf{12\ \Omega.}$$

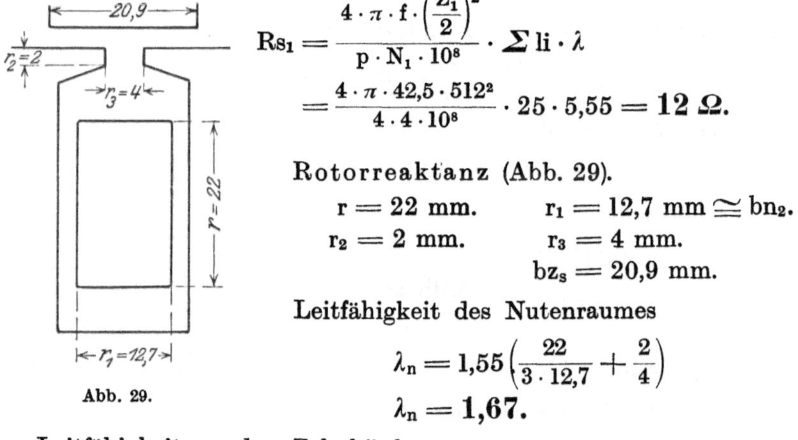

Abb. 29.

R o t o r r e a k t a n z (Abb. 29).

$r = 22$ mm. $r_1 = 12{,}7$ mm $\cong bn_2$.

$r_2 = 2$ mm. $r_3 = 4$ mm.

$bz_s = 20{,}9$ mm.

Leitfähigkeit des Nutenraumes

$$\lambda_n = 1{,}55 \left(\frac{22}{3 \cdot 12{,}7} + \frac{2}{4}\right)$$

$$\lambda_n = \mathbf{1{,}67.}$$

Leitfähigkeit an den Zahnköpfen

$$\lambda_k = \frac{1{,}2\,(20{,}9 - 4)}{6 \cdot 1{,}2} = \mathbf{2{,}8.}$$

Leitfähigkeit an den Stirnverbindungen.

$$\lambda_s = 0{,}46 \cdot N_2 \cdot \lg \frac{1{,}5\, l_s}{U_s}.$$

$$U_s = 2\,(a + b) = 2\,(9{,}0 + 2{,}2) = 22{,}4 \text{ cm.}$$

$$l_s = 77{,}4 - 26{,}4 = 51 \text{ cm.}$$

$$\lambda_s = 0{,}46 \cdot 5 \cdot \lg \frac{1{,}5 \cdot 51}{22{,}4} = 2{,}3 \cdot \lg\ 3{,}43.$$

$$\lambda_s = \mathbf{1{,}23.}$$

$$\frac{l_s}{l_i} \cdot \lambda_s = \frac{51}{25} \cdot 1{,}23 = \mathbf{2{,}5.}$$

$$\lambda_n + \lambda_k + \frac{l_s}{l_i} \cdot \lambda_s = 1{,}67 + 2{,}8 + 2{,}5 = \mathbf{6{,}97.}$$

Daher wird die Rotorreaktanz

$$Rs_2 = \frac{4 \cdot \pi \cdot f \cdot \left(\frac{z_2}{2}\right)^2}{p \cdot N_2 \cdot 10^8} \cdot \Sigma \cdot li \cdot \lambda$$

$$= \frac{4 \cdot \pi \cdot 50 \cdot 40^2}{4 \cdot 5 \cdot 10^8} \cdot 25 \cdot 6{,}97 = \mathbf{0{,}0875\ \Omega.}$$

Auf primär reduziert

$$Rs_2 = \left(\frac{512}{40}\right)^2 \cdot 0{,}0875 = \mathbf{14{,}1\ \Omega.}$$

Kurzschlußreaktanz

$$Rs_k = Rs_1 + Rs_2' = 12 + 14{,}1 = \mathbf{26{,}1\ \Omega.}$$

Kurzschlußimpedanz

$$Z_k = \sqrt{r_k^2 + Rs_k^2} = \sqrt{5{,}43^2 + 26{,}1^2}$$

$$= \sqrt{29{,}4 + 680} = \mathbf{26{,}62\ \Omega.}$$

Kurzschlußstrom pro Phase

$$J_k = \frac{Ep}{Z_k} = \frac{3470}{26{,}62} = \mathbf{130\ Ampere.}$$

Außenkurzschlußstrom $J_k' = J_k = 130$ Ampere.

$$\cos \varphi_k = \frac{r_k}{Z_k} = \frac{5{,}43}{26{,}62} = \mathbf{0{,}203.}$$

Berechnung der Amperewindungen.

Amperewindungen für den Statorkern.

$$aw_{k_1} \cdot l_{k_1} = l_{k_1} \cdot \frac{4\, awk\ mitt. + awk\ max}{6}.$$

$$l_{k_1} \cong \frac{98{,}7 \cdot \pi}{8} = 38{,}7\ \text{cm}.$$

$$Ba_{max} = 12500,\quad aw = 6{,}5.$$

$$Ba_{mittel} = 6250,\quad aw = 1{,}3.$$

$$aw_{k_1} \cdot l_{k_1} = 38{,}7 \cdot \frac{4 \cdot 1{,}3 + 6{,}5}{6} \cong \mathbf{76.}$$

Amperewindungen für die Statorzähne ($Bz_{max} = 19400$).

Es ist

$$k_3 = \frac{l_1 \cdot t - la \cdot bz}{la \cdot bz}.$$

$$= \frac{28{,}4 \cdot 2{,}78 - 26{,}4 \cdot 0{,}98}{26{,}4 \cdot 9{,}8} = \frac{79 - 26}{26} \cong 2.$$

Aus der k_3-Kurve ergibt sich für $Bz_{max} = 19400$

$$aw = 200.$$

$$Bz_{min} = \frac{9{,}8 \cdot 19400}{12{,}5} = \mathbf{15200.}$$

Dazu gehört, direkt aus der Magnetisierungskurve entnommen, aw = 19.

Mittlere Zahninduktion

$$Bz_{mitt.} = \frac{19400 + 15200}{2} = \mathbf{17\,300}$$

dazu aw = 80 (aufgesucht wie zu Bz_{min}).

Daher $$aw_z \cdot l_z = l_z \cdot \frac{aw_{z\,min} + 4\,aw_{z\,mitt.} + aw_{z\,max}}{6}$$

$$aw_z \cdot l_z = 2 \cdot 4{,}2 \cdot \frac{19 + 4 \cdot 80 + 200}{6}$$

$$= \frac{8{,}4 \cdot 539}{6} = \mathbf{755.}$$

Amperewindungen für die Rotorzähne: ($Bz_{max} = 19\,500$).

Die Berechnung erfolgt in analoger Weise wie bei den Statorzähnen, da hier ähnliche Induktionen herrschen.

$$\text{Faktor } k_3 = \frac{28{,}4 \cdot 2 - 26{,}4 \cdot 0{,}73}{26{,}4 \cdot 0{,}73} = \frac{56{,}8 - 19{,}3}{19{,}3}$$

$$\cong 2.$$

Aus der k_3-Kurve ergibt sich für $Bz_{max} = 19\,500$, $aw \cong 205$.

Zu $Bz_{min} = 16\,700$ gehört, direkt aus der Magnetisierungskurve entnommen,

$$aw = 50.$$

Mittlere Zahninduktion

$$Bz_{mitt.} = \frac{19\,500 + 16\,700}{2} = \mathbf{18\,100}; \quad \text{dazu } aw = 110.$$

Daher $$aw_z \cdot l_z = l_z \cdot \frac{aw_{z\,min} + 4\,aw_{z\,mitt.} + aw_{z\,max}}{6}$$

$$= 2 \cdot 3{,}2 \cdot \frac{50 + 4 \cdot 110 + 205}{6}$$

$$= 6{,}4 \cdot \frac{695}{6} = \mathbf{740.}$$

Amperewindungen für den Luftspalt (vorläufig).

$$B_l = \frac{\Phi}{\alpha \cdot \tau \cdot l_i} = \frac{3{,}6 \cdot 10^6}{0{,}637 \cdot 32{,}7 \cdot 25} = \sim \mathbf{7000.}$$

$$AW_l = 0{,}8 \cdot B_l \cdot 2\delta \cdot ks = 0{,}8 \cdot 7000 \cdot 0{,}24 \cdot 1{,}09 = \mathbf{1450.}$$

$$\text{Faktor} \quad kz = \frac{AW_l + \Sigma\,AW_z}{AW_l}$$

$$= \frac{1450 + 1495}{1450} = 2{,}03.$$

$$\alpha' = \alpha + \frac{kz - 1}{18} = 0{,}637 + \frac{2{,}03 - 1}{18} = 0{,}637 + 0{,}057 = \mathbf{0{,}694.}$$

$$Bl_{max}' = \frac{2 \cdot Bl_{max}}{\pi \cdot \alpha'} = \frac{2 \cdot 7000}{\pi \cdot 0{,}694} \cong \mathbf{6400.}$$

Tatsächliche Amperewindungen für den Luftweg

$$AW_l = 0{,}8 \cdot 6400 \cdot 0{,}24 \cdot 1{,}09 = \mathbf{1340.}$$

Endgültige Zahnamperewindungen $(aw_{z1} \cdot l_{z1})$.

$$Bz_{max}' = \frac{19\,400 \cdot 0{,}637}{0{,}694} = 17\,800.$$

lt. Magnetisierungskurve dazu $aw = 90$.

Es ist dann

$$Bz_{min}' = \frac{15\,200 \cdot 0{,}637}{0{,}694} = 13\,900; \quad \text{dazu} \quad aw = 11.$$

$$Bz_{mitt.}' = \frac{17\,800 + 13\,900}{2} = 16\,350; \quad \text{dazu} \quad aw = 40.$$

Daher endgültig:

$$aw_z \cdot l_z = l_z \cdot \frac{aw_{z\,min} + 4\,aw_{z\,mitt.} + aw_{max}}{6}$$
$$= 8{,}4 \cdot \frac{11 + 4 \cdot 40 + 90}{6}$$
$$\cong \mathbf{370}.$$

Endgültige Zahnamperewindungen $(aw_{z2} \cdot l_{z2})$.

$$Bz_{max}' = \frac{19\,500 \cdot 0{,}637}{0{,}694} = \mathbf{17\,900}; \quad aw = 100.$$

$$Bz_{mitt.}' = \frac{18\,100 \cdot 0{,}637}{0{,}694} = \mathbf{16\,500}; \quad aw = 45.$$

$$Bz_{min}' = \frac{16\,700 \cdot 0{,}637}{0{,}694} = \mathbf{15\,400}; \quad aw = 25.$$

$$aw_z \cdot l_z = l_z \cdot \frac{aw \cdot z_{min} + 4\,aw_{z\,mitt.} + aw_{z\,max}}{6}$$
$$= 6{,}4 \cdot \frac{25 + 4 \cdot 45 + 100}{6}$$
$$= \mathbf{325}.$$

Amperewindungen für den Rotorkern.

$$l_R \cong \frac{(76 + 65)}{2} \cdot \frac{\pi}{8} \cong \mathbf{28\ cm}.$$

$$Br_{max} = 13\,000; \quad aw = 7{,}5.$$
$$Br_{mitt.} = 6\,500; \quad aw = 1{,}3.$$

$$aw_{k_2} \cdot l_{k_2} = l_{k_2} \cdot \frac{4\,aw_{k\,mitt.} + aw_{k\,max}}{6}$$
$$= 28 \cdot \frac{4 \cdot 1{,}3 + 7{,}5}{6} \cong \mathbf{60}.$$

$$\Sigma\,AW = 76 + 370 + 1340 + 325 + 60 = \mathbf{2171}.$$

Magnetisierungsstrom (Blindkomponente).

$$i_\mu = \frac{0{,}74 \cdot p \cdot AWp}{z_1}$$
$$= \frac{0{,}74 \cdot 4 \cdot 2171}{1024} = \mathbf{6{,}26\ Ampere}.$$

Verluste.

Eisenverluste.

1. Hysteresisverlust im Statorkern.

$$W_H = \eta \cdot B_{max}^{1,6} \cdot f \cdot V_k \cdot 10^{-7} \text{ Watt};$$

gewählt: $\eta = 0{,}001$.

$$V = 98{,}7 \cdot \pi \cdot 24 \cdot 5{,}8 = \mathbf{43\,200\ cm^3}.$$

$$W_{Hs} = 0{,}001 \cdot 12\,500^{1,6} \cdot 42{,}5 \cdot 43\,200 \cdot 10^{-7} \text{ Watt} = \mathbf{1200\ Watt}.$$

2. Hysteresisverlust in den Statorzähnen:

$$V_Z = 96 \cdot 4{,}2 \cdot \frac{0{,}98 + 1{,}25}{2} \cdot 24 = 10\,800 \text{ cm}^3.$$

$$W_{Hzs} = \eta \cdot k_H \cdot Bz_{min}^{1,6} \cdot f \cdot V_z \cdot 10^{-7} \text{ Watt}.$$

$$k_H = 5 \left[\frac{1 - \left(\frac{z_{min}}{z_{max}}\right)^{0,4}}{1 - \left(\frac{z_{min}}{z_{max}}\right)^2}\right]$$

$$= 5 \left[\frac{1 - 0{,}78^{0,4}}{1 - 0{,}78^2}\right]$$

$$= \mathbf{1{,}28}.$$

$$W_{Hzs} = 0{,}001 \cdot 1{,}28 \cdot 13\,900^{1,6} \cdot 42{,}5 \cdot 10\,800 \cdot 10^{-7} \text{ Watt}$$

$$= \mathbf{2650\ Watt}.$$

3. Wirbelstromverluste im Statorkern:

$$W_{W_k} = 1{,}7 \cdot V_k \cdot Ba^2 \cdot \delta_b^2 \cdot f^2 \cdot 10^{-13} \text{ Watt}$$

$$= 1{,}7 \cdot 43\,000 \cdot 12\,500^2 \cdot 0{,}7^2 \cdot 42{,}5^2 \cdot 10^{-13} \text{ Watt}$$

$$= \mathbf{1020\ Watt}.$$

4. Wirbelstromverluste in den Statorzähnen.

$$W_{W_z} = k_w \cdot 1{,}7 \cdot V_z \cdot B_{z\,min}^2 \cdot \delta_b^2 \cdot f^2 \cdot 10^{-13} \text{ Watt}.$$

$$k_w = \frac{4{,}6}{1 - \left(\frac{z_{min}}{z_{max}}\right)^2} \cdot \lg \cdot \left(\frac{z_{max}}{z_{min}}\right).$$

$$= \frac{4{,}6}{1 - 0{,}78^2} \cdot \lg 1{,}28.$$

$$= \mathbf{1{,}24}.$$

$$W_{W_z} = 1{,}24 \cdot 1{,}7 \cdot 10\,800 \cdot 13\,900^2 \cdot 0{,}7^2 \cdot 42{,}5^2 \cdot 10^{-13} \text{ Watt}.$$

$$= \mathbf{394\ Watt}.$$

5. Oberflächenverluste (Stator und Rotor).

$$W_0 = 0{,}09 \cdot \left(\frac{Bl}{1000}\right)^2 \cdot v^{1,5} \left[0{,}007 \cdot Os \cdot \frac{tr}{\sqrt{r_r}} + 0{,}006 \cdot Or \cdot \frac{ts}{\sqrt{r_s}}\right].$$

$$Os = 2{,}15 \cdot 26{,}5 \cdot 96 = 5500 \text{ cm}^2 = \mathbf{55\ dm^2}.$$

$$Or = 1{,}7 \cdot 26{,}5 \cdot 120 = 5400 \text{ cm}^2 = \mathbf{54\ dm^2}.$$

$$W_0 = 0{,}09 \left(\frac{6400}{1000}\right)^2 \cdot 26{,}5^{1{,}5} \left[0{,}007 \cdot 55 \cdot \frac{2{,}15}{\sqrt{0{,}45}} + 0{,}006 \cdot 54 \cdot \frac{2{,}75}{\sqrt{0{,}6}}\right]$$

$$= \mathbf{1240\ Watt.}$$

6. Pulsationsverluste $= \sim$ 75 vH der Oberflächenverluste
$W_P = 0{,}75 \cdot 1240 \cong$ **940 Watt.**

Kupferverluste.

Stromwärmeverlust bei Leerlauf.

$$W_{Cu_0} = 3 \cdot i_0^2 \cdot r_1 = 3 \cdot 6{,}52^2 \cdot 2{,}4 = \mathbf{306\ Watt.}$$

Stromwärmeverluste bei Vollast.

$$W_{Cu_I} = 3 \cdot Jp^2 \cdot r_1 = 3 \cdot 28{,}5^2 \cdot 2{,}4 = \mathbf{5850\ Watt.}$$

$$W_{Cu_{II}} = 3 \cdot J_2^2 \cdot r_2 = 3 \cdot 366^2 \cdot 0{,}0186 = \mathbf{7450\ Watt.}$$

Reibungsverluste.

Verluste durch Lagerreibung.

$$W_{La} = 0{,}7 \cdot dz \cdot lz \cdot \sqrt{v_z^3}\ \text{Watt.}$$

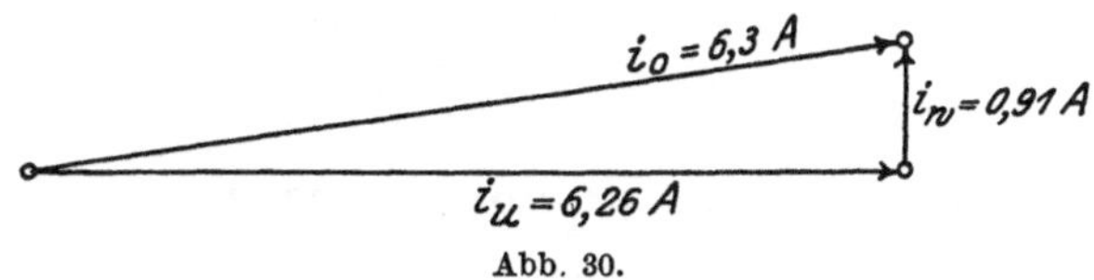

Abb. 30.

Zapfendurchmesser dz = 9 cm, Zapfenlänge $\frac{lz}{2} = 20$ cm.

$$v_z = \frac{dz \cdot \pi \cdot n}{60} = \frac{0{,}09 \cdot \pi \cdot 618}{60} = \mathbf{2{,}9\ m/sek.}$$

$$W_{La} = 0{,}7 \cdot 9 \cdot 40 \cdot \sqrt{2{,}9^3} = \mathbf{1240\ Watt.}$$

Verluste durch Luftreibung.

$$W_{Lu} \cong 0{,}35 \cdot 1240 = \mathbf{435\ Watt.}$$

Summe der Leerlaufverluste.

$$W_0 = 1200 + 2650 + 1020 + 394 + 1240 + 940 + 306 + 1240 + 435 = \mathbf{9425\ Watt.}$$

Daraus ergibt sich die Wirkkomponente des Leerlaufstromes

$$i_w = \frac{9425}{3 \cdot 3470} = \mathbf{0{,}91\ Ampere.}$$

Somit ist der Leerlaufstrom pro Phase

$$i_0 = \sqrt{i_\mu^2 + i_w^2} = \sqrt{6{,}26^2 + 0{,}91^2} = \mathbf{6{,}3\ Ampere.}$$

Verketteter Leerlaufstrom ist infolge Sternschaltung ebenfalls

$$J_0 = \mathbf{6{,}3\ Ampere}\ \text{(Abb. 30).}$$

Summe aller Verluste bei Vollast.

$$\Sigma W = W_{Fe} + W_R + W_{Cu}.$$

$$= 5264 + 1240 + 940 + 1240 + 435 + 5850 + 7450$$

$$\Sigma W = \mathbf{22\,419\ Watt.}$$

Wirkungsgrad bei Vollast.

$$\eta = \frac{250\,000}{250\,000 + 22\,419} \cong \mathbf{0{,}92} \text{ (wie Annahme).}$$

Erwärmung.

Eingebaute Stromwärmeverluste.

$$W_E = \frac{1}{ml} \cdot m_1 \cdot Jp^2 \cdot r_1$$

$$= \frac{26{,}4}{80} \cdot 3 \cdot 28{,}5^2 \cdot 2{,}4 = \mathbf{1930\ Watt.}$$

Gesamte wärmeerzeugenden Verluste im Statorkern

$$W_T = 1930 + 5264 + \frac{940}{2} = \mathbf{7664.}$$

Abkühlungsoberfläche des Statorpakets

$$A_s = \pi \cdot D_a \cdot l + \frac{\pi}{4} (D_a^2 - D^2)(2 + S).$$

$$A_s = \pi \cdot 104{,}5 \cdot 28{,}4 + \frac{\pi}{4} (104{,}5^2 - 83{,}5^2) \cdot 4.$$

$$= 9400 + 12600 = \mathbf{22\,000\ cm^2}.$$

Spezifische Abkühlungsfläche $a_s = \frac{A_s'}{W_T} = \frac{22000}{7664} = \mathbf{2{,}87} \frac{cm^2}{Watt}$.

Nun ist die Temperaturerhöhung des Statoreisens

$$Tü_s = \frac{C}{a_s}.$$

C kann für schmale, offene Maschinen größerer Ausführung mit 130 bis 180 gewählt werden.

$$\text{D. h. } Tü_s = \frac{\sim 140}{2{,}87} = \mathbf{48{,}5^\circ\ Celsius} \text{ (zulässig).}$$

Aufzeichnen des Arbeitsdiagramms.

Zur Konstruktion des Diagramms werden außer den gerechneten Werten für Leerlauf und Kurzschluß noch die dazugehörigen Leistungsfaktoren benötigt.

Es ist $\cos \varphi_0 = \frac{i_w}{i_0} = \frac{0{,}91}{6{,}3} = \mathbf{0{,}144}$ ($\measuredangle\, 81^\circ 20'$)

und $\cos \varphi_k = \frac{r_k}{Z_k} = \frac{5{,}43}{26{,}62} = \mathbf{0{,}203}$ ($\measuredangle\, 78^\circ 20'$).

Es war gerechnet:

Leerlaufstrom $i_0 = 6{,}3$ Ampere.
Kurzschlußstrom $J_k = 130$ Ampere.
Leerlaufwatt $W_0 = 9425$ Watt.

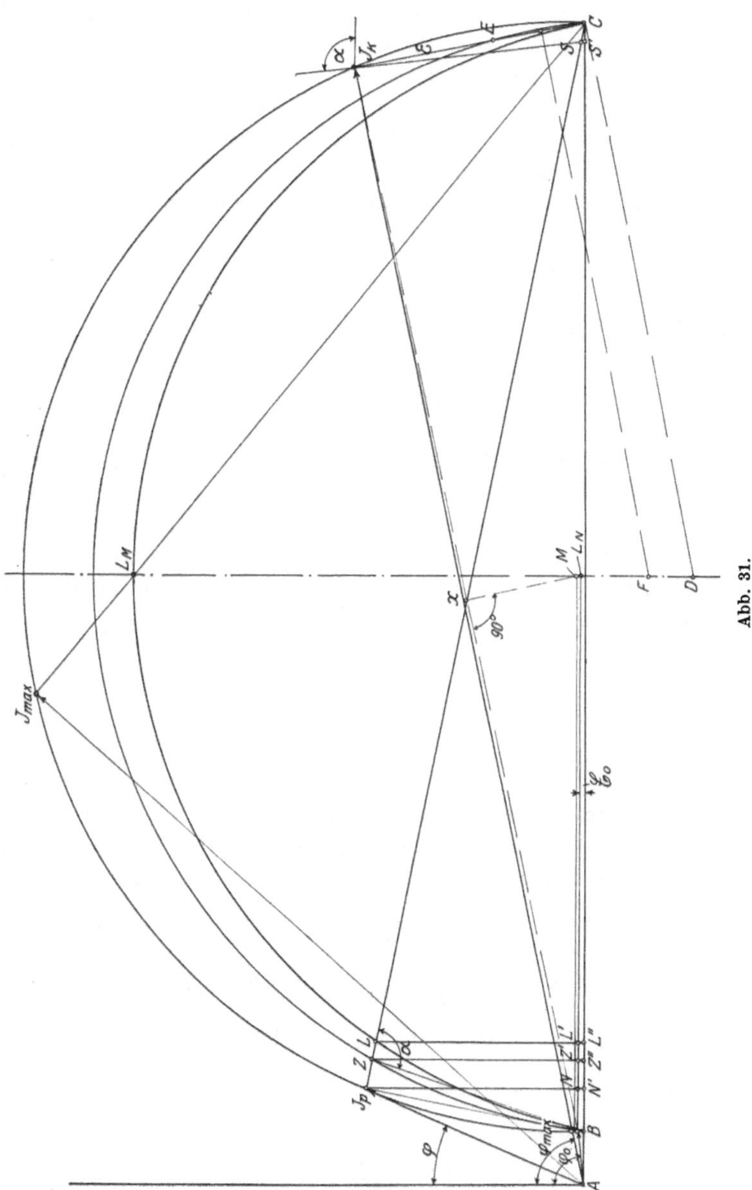

Abb. 31.

Das Diagramm (in stark verkleinertem Maßstab wiedergegeben) wurde nach dem vorher geschilderten Verfahren aufgezeichnet. Dazu wurde ein Strommaßstab gewählt: 1 Ampere = 5 mm (Abb. 31).

Nach Antragen der Winkel φ_0 und φ_k und der dazugehörigen Ströme i_0 und J_k ergab sich der Energiekreis. Es wurde J_k mit C verbunden, eine Senkrechte errichtet bis zum Schnittpunkte in D, dem Mittelpunkte des Leistungskreises. Sodann ergab sich aus der Senkrechten vom i_0-Punkt zur Abszisse der Maßstab für die Leistung.

Es ist: 1 Ampere = 5 mm, da nun aber die kl. Senkrechte gleichzeitig die Wirkkomponente $i_w = 0{,}91$ Ampere darstellt, muß sie das Maß $5 \cdot 0{,}91 = 4{,}55$ mm haben.

Diese Strecke ist aber im Maßstab auch gleich den Leerlaufverlusten, d. h. 4,55 mm = 9425 Watt

oder $$1\,\text{kW} = \frac{4{,}55}{9{,}425} = 0{,}48\ \text{mm}.$$

Mithin Wattmaßstab 1 kW = 0,48 mm.

Nun soll die Normalleistung 250 kW betragen. Diese Leistung wird daher durch $250 \cdot 0{,}48 =$ **120 mm** dargestellt.

Nach Auftragen dieser Strecke als Senkrechte zur Abszisse unter den Leistungskreis ergibt den Punkt L. Durch diesen Punkt geht der Normalstrahl, der den Energiekreis in Jp schneidet. AJp stellt dann den normalen Phasenstrom dar. Die Strecke mißt 1425 mm = **28,5 Ampere**, wie gerechnet war. Die Maximal-Senkrechte ergibt nun in der Mitte des Leistungskreises 250 mm, d. h. wir haben eine Maximalleistung von

$$\frac{250}{0{,}48} = \mathbf{520\ kW}$$

zu erwarten. Mithin ist das Kippmoment

$$\frac{520}{250} = \mathbf{2{,}08},$$

welches den Verbandsvorschriften entspricht.

Zum Vergleich sei die Maximalleistung nach der früher angegebenen Formel direkt berechnet:

$$L_{max} = 3 \cdot Ep \cdot \frac{(J_k - i_0)}{2\,(1 + \cos\varphi_k)}$$

$$= 3 \cdot 3470 \cdot \frac{(130 - 6{,}3)}{2\,(1 + 0{,}203)} \cong \mathbf{529\ kW.}$$

Zur Festlegung des Zugkraftkreises war der Spannungsabfall

$$\varepsilon = \sqrt{3} \cdot r_1 \cdot J_k \cdot \frac{\overline{AC}}{Ep}$$

als Strecke zu bestimmen:

$$\varepsilon = \sqrt{3} \cdot 2 \cdot 130 \cdot \frac{655}{3470} = 85\ \text{mm}.$$

Berechnung Nr. 2.

Drehstrom-Motor.

250 kW, $\sim$ *340* PS; *6000* Volt; *28,5* Amp.; $\sim$ *637* Touren (leer), $\sim$ *622* Touren (Vollast); *8* Pole; *42,5* Perioden; $\cos\varphi = 0{,}91$; $\eta = 0{,}92$; *Dauer*-Betrieb; *offene* Ausführung.

AS *325*. Luftind. *6400*.
Zahninduktion S · *19400*.
Zahninduktion R *19500*.
Rückeninduktionen *12500/13000*.

$$\text{Kraftfluß (Stator)} = \frac{3360 \cdot 10^8}{2{,}13 \cdot 42{,}5 \cdot 1024} = \mathbf{3{,}6 \cdot 10^6}.$$

Stator.

Außendurchmesser: *1045* mm
Bohrung: *835* mm
Luftspalt: *1,2* mm
Eisenlänge (wirksam): *240* (*250*) mm
Paketlänge: *264* (*284*) mm
465 Bleche à *0,5* mm
2 Endbleche à *2* mm
Rückentiefe: *58* mm · Q: *14000* mm²
Nutenzahl: *96*
Nuten pro Pol und Phase: *4*

Nutenbreite: *18* mm
Nutentiefe: *45* (*47*) mm
Schlitze: *6,5* × *2*
Zahnteilungen: *27,4*/*27,8* mm
Drähte pro Nut: *32*
Draht ⌀ bl. *3,3* mm, isol. *2* × *Bw*
Spulenzahl pro Kern: *12*
Schaltung der Spulen: Serie
Phasenschaltung: Stern
Erregerstrom: *6,26 Amp.*

Leerlaufstrom: *6,3 Amp.*
Mittlere Windungslänge: *0,8* m
Länge pro Phase: *820* m
Drahtquerschnitt: *8,4* mm²
Stromdichte: *3,4* Amp/mm²
Widerstand pro Phase (K-57): *2* Ohm
Widerstand pro Phase (K-48): *2,4* Ohm
Spannungsabfall: *70* Volt
Kupfergew. Hauptwickl.: $\sim$ *192* (*195*) kg

Teil	Material	𝔅	l	aw	AW
Joch	Ankerblech	*12500*	*38,7*	*6,5*	*76*
Statorzähne	Ankerblech	*19400/15200*	*8,4*	*19/200*	*370*
Luft	—	*7000/6400*	*0,24*	—	*1340*
Rotorzähne	Ankerblech	*19500/16700*	*6,4*	*100/25*	*325*
Rotorkern	Ankerblech	*13000/6500*	*28*	*7,5*	*60*
				Sa.	*2171*

Rotor.

Außendurchmesser: *832,6* mm
Innendurchmesser: *650* mm
Eisenlänge (wirksam): *240* (*250*) mm
465 Bleche à *0,5* mm
Paketlänge: *264*/*284* mm
2 Endbleche à *2* mm
Rückentiefe: *55* mm
Nutenzahl: *120*
Nuten pro Pol und Phase: *5*

Nutenbreite: *12,7* mm
Nutentiefe: *32* (*34*) mm
Schlitze: *2* × *4* mm
Art der Wicklung: *Stabwicklung*
Phasenzahl: *3*
Drähte pro Nut: *2*
Draht ⌀ bl., *9,0*×*9,0* mm, isol. *10*×*10* (mm)
Drahtquerschnitt: *77* mm²
Schaltung der Spulen: Serie

Schaltung der Phasen: Stern
Mittlere Windungslänge: *0,774* m
Länge der Phase: *62* m
Zahnteilungen: *20,2* mm
Stromdichte: *4,4* Amp/mm²
Widerstand pro Phase (k-48): *0,0186* Ohm
Kupfergewicht: *126* (*130*) kg
Anlasser: { *470* (*270*) Volt, *330* Amp.

Diese Strecke reicht von J_k bis E. Das übrige Stück EC halbiert, ergibt den Fußpunkt einer Senkrechten, welche die Hauptmittellinie in F schneidet, dem Mittelpunkte des Zugkraftkreises. Dieser wird von dem Normalstrahl JpC in Z geschnitten. ZB schließt mit dem Strahl den $\measuredangle \alpha$ ein, der, in J_k angetragen, den Schlüpfungsstrahl $J_k S'$ ergibt. SS' stellt dann den Schlupf bei Normallast dar. Die genaue trigonometrische Bestimmung von SS' ergibt 3,08 mm. Bezogen auf die gesamte Strecke $J_k S' = 134$ mm ergibt $3{,}08 : 134 = 0{,}023$ entsprechend 2,3 vH Schlüpfung.

Rein rechnerisch ergibt sich

$$S = \frac{100 \cdot J_2 \cdot r_2}{E_2} = \frac{100 \cdot 330 \cdot 0{,}0186}{270} = 2{,}27 \cong \mathbf{2{,}3\ vH.}$$

Mithin geschlüpfte Drehzahl $\frac{637 \cdot 2{,}3}{100} \cong 15$.

Tatsächliche Normallastdrehzahl $n = 637 - 15 = \mathbf{622.}$

Ferner ergibt sich der Normalwirkungsgrad aus dem Verhältnis Leistungsabgabe zu Leistungsaufnahme LL' : JpN'; Strecken in mm eingesetzt, ergibt:

$$\eta = \frac{119{,}5}{130} \cong \mathbf{0{,}92} \text{ (wie berechnet).}$$

Gegenüber Annahme ergibt sich eine Abweichung von -1 vH, also erträgliche Toleranz. Hingegen ergibt sich für den Normalleistungsfaktor entsprechend einem Winkel von 24° 30' der Wert

$$\cos \varphi \cong \mathbf{0{,}91}, \text{ d. i. 1 vH besser als Annahme.}$$

Kupfergewichte.

1. Statorwicklung (isoliert)

$G_1 = 3 \cdot 0{,}8 \cdot 1024 \cdot 8{,}4 \cdot 9{,}3 = 192\,000$ g = **192 kg**, praktisch **195 kg.**

2. Kupferwicklung (blank)

$G_2 = 3 \cdot 0{,}774 \cdot 80 \cdot 77 \cdot 8{,}8 = 126\,000$ g = **126 kg**, praktisch **130 kg.**

II. Asynchrone Zweiphasenmotoren.

28. Allgemeines.

Da jeder Mehrphasenstrom ein Drehfeld erzeugt, ergibt sich für die Wirkungsweise des Zweiphasenmotors gegenüber dem Drehstrommotor keine wesentliche Neuerung. Will man beide Motorarten wirtschaftlich vergleichen, so kommt für den Zweiphasenstrom nur Verkettung mit drei Zuleitungen in Frage. Die verkettete Spannung hat dann die Größe

$$\boxed{E = \sqrt{2} \cdot Ep}\,.$$

An den Außenleitern hat man nun zwei Phasenspannungen und eine verkettete Spannung. Hierdurch ergibt sich schon im Vergleich zum Drehstrommotor ein kleiner Nachteil für den Zweiphasenmotor. Während beim Drehstrommotor durch beliebigen Anschluß der drei Leitungen höchstens die Drehrichtung im nicht gewünschten Sinne ausfallen kann, entsteht in solchem Falle beim Zweiphasenmotor einseitige Überlastung im $\sqrt{2}$fachen Betrag der normalen Belastung, was Defekte zur Folge haben kann. Da andererseits beim Zweiphasenmotor kein Vorteil ersichtlich, ist er von untergeordneter Bedeutung. Es gibt daher auch keine wesentlichen Zweiphasennetze.

29. Dimensionierungs-Formel für asynchrone Zweiphasenmotoren.

$$Ep' = 2{,}22 \cdot c \cdot \Phi \cdot z_1 \cdot f \cdot 10^{-8}\ \text{Volt}.$$

Für Zweiphasenstrom ergibt sich der Wicklungsfaktor

$$c = \frac{\sin\varphi}{\varphi} = \frac{\sin 45^0}{\frac{\pi}{4}} = 0{,}9.$$

Im übrigen rechnerisch brauchbare Werte eingeführt:

$$\Phi = B_l \cdot Q_l;\ Q = \frac{D \cdot \pi \cdot li}{2p};\ li = D \cdot \lambda.$$

Unter Einführung der linearen Beanspruchung AS ergibt sich die Drahtzahl pro Phase

$$z_1 = \frac{AS \cdot D \cdot \pi}{2J}\,. \tag{79}$$

Ferner ist

$$f = \frac{n \cdot 60}{p};$$

$$B_l = B_{l\,max} \cdot \frac{2}{\pi}\,.$$

Alle Werte in die Grundformel eingesetzt, ergibt

$$Ep' = 2{,}22 \cdot 0{,}9 \cdot B_{l\,max} \cdot \frac{2}{\pi} \cdot \frac{D \cdot \pi}{2p} \cdot \mathfrak{a} \cdot \lambda \cdot \frac{AS \cdot D \cdot \pi}{2J} \cdot \frac{n \cdot p}{60} \cdot 10^{-8}\ \text{Volt}.$$

Daraus ist die Bohrung

$$D = \sqrt[3]{\frac{120 \cdot Ep' \cdot J \cdot 10^8}{2{,}22 \cdot 0{,}9 \cdot \pi \cdot B_{l\,max} \cdot n \cdot AS \cdot \lambda}} \cong \boxed{\sqrt[3]{\frac{19 \cdot Ep' \cdot J \cdot 10^8}{B_{l\,max} \cdot n \cdot AS \cdot \lambda}}}\,. \tag{80}$$

Daraus ist ersichtlich, daß sich die Kubikzahlen der Bohrungen und damit die Leistungen von Drehstrom- zu Zweiphasenmotoren gleicher Type wie $\frac{3 \cdot 19}{2 \cdot 26{,}2} = 1{,}06 : 1$ verhalten, d. h. eine Drehstrommotor-Type bestimmter Leistung kann für gleiche Leistung und Drehzahl auch als Zweiphasenmotor gewickelt werden.

Der Kraftlinienfluß ist hier:

$$\Phi = \frac{Ep' \cdot 10^8}{2{,}22 \cdot c \cdot z_1 \cdot f}$$

und da $c = 0{,}9$

$$\boxed{\Phi = \frac{Ep' \cdot 10^8}{2 \cdot z_1 \cdot f}} \, . \qquad (81)$$

Wegen der geringen Bedeutung des Zweiphasenmotors soll in der Folge von einer ganz ausführlichen Berechnung abgesehen werden. Es können dieselben Beanspruchungen wie für die Drehstrommotoren gleicher Leistung eingesetzt werden; auch der praktische Aufbau ist bis auf die Wicklungen bei Zwei- und Dreiphasenmotoren der gleiche.

30. Drittes Beispiel.

Es ist ein asynchroner Zweiphasenmotor für 9 kW, $2 \times 170/240$ Volt, 50 Perioden, $\sim 1000/960$ U/m zu berechnen.

Annahmen wie für Drehstrom 9 kW, ~ 1000 U/m:

$B_{l\,max} = 6500$; $AS = 215$; Spannungsabfall (etwas erhöht) $\varepsilon = 4$ vH.

$$s_1 = 3{,}7 \frac{\text{Amp.}}{\text{mm}^2}; \; s_2 = 5 \frac{\text{Amp.}}{\text{mm}^2}; \; \eta = 0{,}86; \; \cos\varphi = 0{,}85.$$

Stromverbrauch (Außenleiterstrom = Phasenstrom):

$$J = \frac{L}{2 \cdot Ep \cdot \eta \cdot \cos\varphi} = \frac{9000}{2 \cdot 170 \cdot 0{,}86 \cdot 0{,}85} = \mathbf{36\ Ampere.}$$

Das Längenverhältnis soll $\lambda = \frac{li}{D} = 0{,}7$ gewählt werden.

$\varepsilon = 170 \cdot 0{,}04 = 6{,}8 \cong$ **7 Volt.**

Dann ist die Bohrung

$$D = \sqrt[3]{\frac{19 \cdot Ep' \cdot J \cdot 10^8}{B_{l\,max} \cdot n \cdot AS \cdot \lambda}}.$$

$$D = \sqrt[3]{\frac{19 \cdot (170 - 7) \cdot 36 \cdot 10^8}{6500 \cdot 1000 \cdot 215 \cdot 0{,}7}} = \mathbf{22{,}6\ cm.}$$

Nach DJN abgerundet auf **225 mm.**

Ideelle Eisenlänge $li = D \cdot \lambda = 225 \cdot 0{,}7 =$ **168 mm.**

Unterteilung der Pakete nicht nötig, daher aktive Eisenlänge

$$la = 0{,}96 \cdot 168 = \mathbf{162\ mm.}$$

Tatsächliche Paketlänge $l = 162 \cdot 1{,}1 =$ **178 mm.**

Luftspalt (wie beim Drehstrommotor)

$$\delta = 0{,}02 + \frac{D}{900} = 0{,}02 + \frac{225}{900} \text{(cm)}.$$

$$\delta = \mathbf{0{,}45\ mm.}$$

Läuferdurchmesser $D' = 225 - 2 \cdot 0{,}45 = \mathbf{224{,}1\ mm.}$

Anzahl der Polpaare $p = \frac{60 \cdot f}{n} = \frac{60 \cdot 50}{1000} = \quad .$

Statornutenzahl (bei 4 Nuten pro Pol und Phase)

$$N_I = 2 \cdot 4 \cdot 6 = \mathbf{48}.$$

Drahtzahl pro Phase

$$z_1 = \frac{AS \cdot D \cdot \pi}{2J} = \frac{215 \cdot 22{,}5 \cdot \pi}{2 \cdot 36} = \mathbf{210\ Drähte.}$$

Da 24 Nuten pro Phase vorhanden, ergeben sich pro Nut $\frac{210}{24} = 8{,}7 \cong$ **9 Drähte,** wirkliche Drahtzahl $z_1 = 9 \cdot 24 = \mathbf{216}$.

Kraftlinienfluß

$$\Phi = \frac{Ep' \cdot 10^8}{2 \cdot z_1 \cdot f} = \frac{163 \cdot 10^8}{2 \cdot 9 \cdot 24 \cdot 50} = \mathbf{0{,}75 \cdot 10^6}.$$

Drahtquerschnitt

$$q = \frac{Jp}{S} = \frac{36}{3{,}7} = \mathbf{9{,}7\ mm^2}.$$

Drahtdurchmesser 3,5 mm blank, 3,8 mm isoliert, oder besser zwei Drähte parallel 2,5 mm blank bzw. 2,8 mm 2 × Bw. isoliert.

Die übrige Berechnung erfolgt nach der gleichen Art wie bei Drehstrommotoren. Der Rotor würde vorteilhaft normal dreiphasig mit 54 oder 72 Nuten ausgeführt werden.

III. Asynchrone Einphasenmotoren.

31. Wirkungsweise.

Zur allgemeinen Betrachtung denken wir uns den asynchronen Einphasenmotor aus einem dreiphasigen bzw. zweiphasigen Motor entstanden. Würde man bei einem in Stern geschalteten Drehstrommotor eine Phase unterbrechen, so bilden die Spulen der beiden anderen Phasen eine einphasige Wicklung. In die Spulen bei stillstehendem Rotor einen Wechselstrom geschickt, würde nur ein Wechselfeld zur Folge haben, welches mit dem in sich geschlossenen Rotor kein Drehmoment erzeugen kann. Bei einem Rotor mit einer Spule würde allerdings das Wechselfeld in dieser Spule einen Strom induzieren, auf welchen das Feld eine Zugkraft ausübt, die proportional dem Strome, dem Feld und dem Sinus des Winkels ist, welcher die Achsenstellungen zwischen Rotor und Statorwicklung angibt. Tatsächlich dreht sich daher die Rotorspule, bis ihre Fläche senkrecht zur Feldachse steht; sodann ist die Zugkraft Null geworden. Hat dagegen der Rotor z. B. eine zweiphasige Wicklung, so würden in den Phasen Ströme entgegengesetzter Richtung induziert, die beiden Rotorzugkräfte wären entgegengesetzt gerichtet, d. h. sie heben sich auf. Anders liegt jedoch der

Fall, wenn der oben betrachtete Drehstrommotor plötzlich während des Laufes bei einer Phase unterbrochen wird. Jetzt würde der Rotor weiter laufen. Der Grund liegt im folgenden:

Wenn der Rotor im Wechselfeld rotiert, werden in der Rotorwicklung zweierlei EMK_e induziert und zwar eine durch Änderung des Wechselfeldes, und die andere infolge der Bewegung dieser Rotorwindungen in demselben Wechselfelde. Die letztgenannte EMK ist proportional dem Felde und der Geschwindigkeit; die Richtung ist nach der Induktionsregel gegeben. Die entsprechenden Rotorströme erzeugen ein Feld, welches zum Statorfeld räumlich senkrecht steht; es wird daher auch Rotorquerfeld genannt.

Dieses Feld ist aber auch zeitlich gegen das Statorfeld verzögert, nachdem die das Querfeld erzeugenden Ströme infolge der hohen Selbstinduktion der Wicklung fast um 90 Grad gegen die EMK bzw. ge-

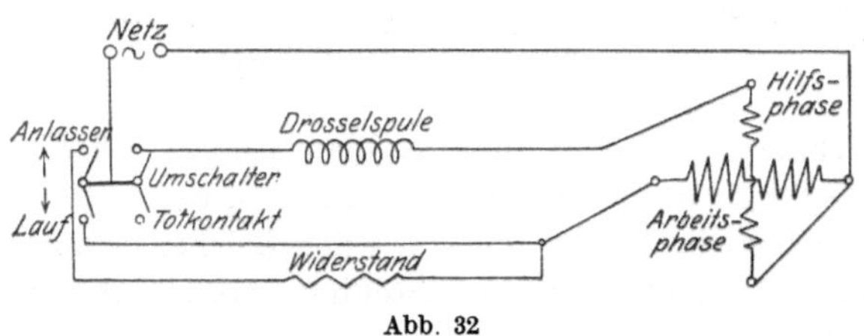

Abb. 32

gen das Statorfeld verzögert sind. Beide, räumlich und zeitlich zueinander verschobenen Wechselfelder erzeugen ein Drehfeld, welches den Rotordrehsinn hat. Nun sind jedoch die beiden Felder weder gleich groß noch genau um 90 Grad verschoben, so daß das Drehfeld elliptisch ist. Es übt daher keine konstante Zugkraft aus.

32. Anlassen.

Es wird sich also beim einphasigen Motor in erster Linie darum handeln, den Rotor beim Anlassen zunächst künstlich in Drehung zu setzen. Dies könnte mechanisch geschehen, wird aber vorteilhaft elektrisch durch eine Hilfsphase, auch Kunstphase genannt, erreicht. Ist der Motor in Gang gebracht, kann die Hilfsphase abgeschaltet werden. Mit der Haupt- oder Arbeitswicklung zusammen ergibt die Hilfswicklung ein ungleichmäßiges, zweiphasiges Drehfeld. Wenn der Charakter eines Zweiphasenmotors möglichst genau gewahrt sein sollte, müßten Arbeits- und Hilfsphase zeitlich um 90° verschoben sein. Angenähert läßt sich nun eine solche Verschiebung erreichen, indem man vor die Hilfswicklung eine Drosselspule schaltet. Aus vorher geschilderten Gründen muß nach dem Anlassen bzw. Abschalten des Hilfsphasen-Stromkreises der Einphasenmotor weiter laufen (Abb. 32).

33. Disposition.

Für die Wicklung der Einphasenmotoren ergeben sich dann die besten Verhältnisse, wenn die Arbeitswicklung etwa $^2/_3$ ($^2/_3$ bis $^3/_4$), die Hilfswicklung den Rest der Statornuten bedeckt. Die Wicklungsanordnung wäre dann die eines Zweiphasenmotors mit ungleichen Phasen. Als Gehäuse kommen solche von Drehstrom- bezw. Zweiphasenmotoren zur Verwendung.

Für die Berechnung kommt zunächst die Arbeitswicklung in Frage. Nachdem die Drahtzahl pro Nut hier festliegt, kann man der Hilfswicklung pro Nut vorteilhaft ca. 0,9 fache Drahtzahl geben. Bei kleinen Motoren nimmt man für beide Wicklungen denselben Drahtdurchmesser, bei größeren Motoren führt man die Hilfswicklung etwas schwächer aus. Die Rotoren werden normal dreiphasig (wie bei Drehstrommotoren) gewickelt, kleine Motoren erhalten gewöhnliche Kurzschlußläufer. In letzterem Falle ergeben sich Anlaufströme von nur etwa halber Höhe (im Mittel 2fach vom Normalstrom) gegenüber Drehstrommotoren, sofern direktes Einschalten in beiden Fällen zu grunde gelegt wird. Das Anzugmoment ist aber aus vorher geschilderten Gründen so schwach, daß asynchrone Einphasenmotoren normalerweise nur leer angelassen werden können.

34. Dimensionierungs-Formel für asynchrone Einphasenmotoren.

$$E' = 2{,}22 \cdot c \cdot \Phi \cdot z \cdot f \cdot 10^{-8}\ \text{Volt}.$$

$$c = \text{Wicklungsfaktor}.$$

Rechnerisch brauchbare Werte eingeführt:

$$\Phi = B_l \cdot Q_l;\ Q_l = \frac{D \cdot \pi \cdot li}{2p};\ li = D \cdot \lambda.$$

Unter Einführung der linearen Beanspruchung AS ergibt sich die Drahtzahl pro Phase

$$z = \frac{\beta' \cdot AS \cdot D \cdot \pi}{J}. \tag{82}$$

Bei $^2/_3$ Umfassung durch die Arbeitsphase, d. h. $\beta' = 0{,}67$, ergibt sich der Normalfall

$$z = \frac{0{,}67 \cdot AS \cdot D \cdot \pi}{J} = \frac{2{,}1 \cdot AS \cdot D}{J}; \tag{83}$$

$$\text{Periodenzahl } f = \frac{n \cdot p}{60};\ B_l = B_{l\,max} \cdot \frac{2}{\pi}.$$

Alle Werte in die Grundformel eingesetzt, ergibt

$$E' = 2{,}22 \cdot c \cdot B_{l\,max} \cdot \frac{2}{\pi} \cdot \frac{D \cdot \pi}{2p} \cdot D \cdot \lambda \cdot \frac{\beta \cdot AS \cdot D \cdot \pi}{J} \cdot \frac{n \cdot p}{60} \cdot 10^{-8}\ \text{Volt}.$$

Daraus ist die Bohrung

$$D = \sqrt[3]{\frac{5{,}55 \cdot E' \cdot J \cdot 10^{-8}}{c \cdot B_{l\,max} \cdot \frac{2}{\pi} \cdot n \cdot AS \cdot \lambda \cdot \beta}}; \tag{84}$$

Für den Normalfall $\beta' = {}^2/_3$ und $c = 0{,}826$ ergibt sich die besondere Form

$$D = \sqrt[3]{\frac{10 \cdot E' \cdot J \cdot 10^{8}}{B_{l\,max} \cdot \frac{2}{\pi} \cdot n \cdot AS \cdot \lambda}} \tag{85}$$

oder

$$\boxed{D = \sqrt[3]{\frac{15{,}7 \cdot E' \cdot J \cdot 10^{8}}{B_{l\,max} \cdot n \cdot AS \cdot \lambda}}}\,. \tag{86}$$

Daraus ist ersichtlich, daß sich die Kubikzahlen der Bohrungen und die Leistungen von Drehstrommotoren zu Einphasenmotoren gleicher Type wie

$$\frac{3 \cdot 15{,}7}{26{,}7} = \mathbf{1{,}76 : 1}$$

verhalten.

Damit für die anzunehmenden Grundwerte die Tabelle der Drehstrommotoren direkt benutzt werden kann, sind die Leistungszahlen der zu berechnenden Einphasenmotoren durch 1,7 zu dividieren. Man erhält so die analoge Drehstrommotorleistung, wofür die Werte wie früher aufgefunden werden. —

Als Statornutenzahlen eignen sich bei kleinen Einphasenmotoren auch besonders 24 und 36 bei ${}^2/_3$ Ausnutzung. Bei ${}^3/_4$ Bedeckung der Arbeitsphase können auch 32 Nuten zur Anwendung kommen.

Die Läufer können ebenso wie bei Drehstrommotoren entworfen werden, jedoch ist zu beachten, daß infolge der schlechteren Ausnutzung gegenüber Drehstrommotoren hier die Rotorwicklung bequemer untergebracht werden kann. In diesem Zusammenhange fallen die Eisensättigungen verhältnismäßig niedrig aus. Auch die Kurzschlußläufer sind hier dieselben wie bei Drehstrommotoren.

Der Kraftlinienfluß war allgemein:

$$\Phi = \frac{E' \cdot 10^{8}}{2{,}22 \cdot c \cdot z \cdot f} \tag{87}$$

oder für $\beta' = {}^2/_3$ entsprechend

$$c = \frac{\sin\varphi}{\varphi} = 0{,}826$$

$$\boxed{\Phi = \frac{E' \cdot 10^{8}}{1{,}84 \cdot z_a \cdot f}}\,. \tag{88}$$

35. Berechnungsbeispiel.

Asynchroner Einphasenmotor mit Hilfsphase. 5 kW (6,8 PS), 500 Volt, 50 Perioden, ∼1000/970 U/m, Dauerleistung, normale, offene Bauart mit Schleifringläufer.

Anzahl der Polpaare $p = \frac{60 \cdot f}{n} = \frac{60 \cdot 50}{1000} = 3.$

Verlangt: Wirkungsgrad bei Vollast $\eta = 0{,}83$ bei 1 vH Tol.
Leistungsfaktor bei Vollast $\cos\varphi = 0{,}81$ bei 1 vH Tol.

Analoge Typenleistung als Drehstrommotor:

$$L_D = 5 \cdot 1{,}7 \cong 8{,}5 \text{ kW}.$$

Annahmen (entsprechend 8,5 kW-Drehstrom) lt. Tabelle:

$$B_{l\,max} = 6450. \qquad \lambda = \frac{l_i}{D} = 0{,}7. \qquad AS = 210.$$

Effektiver Spannungsabfall ist etwa 1 vH größer als beim analogen Drehstrommotor, d. h. etwa 5 vH oder $0{,}05 \cdot 500 = 25$ Volt.

Stromverbrauch $J = \frac{5000}{500 \cdot 0{,}83 \cdot 0{,}81} = \mathbf{14{,}8\ Ampere.}$

Bohrung $D = \sqrt[3]{\frac{15{,}7 \cdot E' \cdot J \cdot 10^8}{B_{l\,max} \cdot n \cdot AS \cdot \lambda}}.$

$$D = \sqrt[3]{\frac{15{,}7 \cdot 475 \cdot 14{,}8 \cdot 10^8}{6450 \cdot 1000 \cdot 210 \cdot 0{,}7}}$$

$$= \sqrt[3]{11\,650}$$

$$= 22{,}75 \text{ cm} \cong \mathbf{225\ mm.}$$

Luftspalt $\delta = 0{,}02 + \frac{D}{900} = 0{,}02 + \frac{22{,}5}{900}$

$$= 0{,}045 \text{ cm} = \mathbf{0{,}45\ mm.} \quad D' = \mathbf{224{,}1\ mm.}$$

$$\lambda = \frac{l_i}{D} \text{ bzw. } l_i = D \cdot \lambda.$$

$$l_i = 225 \cdot 0{,}7 = \mathbf{158\ mm.}$$

Aktive Eisenlänge $158 - 0{,}03 \cdot 158 = \mathbf{153\ mm.}$

Paketlänge $l = 153 + 0{,}1 \cdot 153 = \mathbf{168\ mm.}$

Drahtzahl der Arbeitsphase:

$$z_a = \frac{0{,}67 \cdot AS \cdot D \cdot \pi}{J} = \frac{2{,}1 \cdot 210 \cdot 22{,}5}{14{,}8} = \mathbf{670.}$$

Wir wählen 36 Nuten im Stator, d. h. bei $^2/_3$ Ausnutzung entfallen auf die Arbeitsphase 24 Nuten, auf die Hilfsphase 12.

Wicklung der Arbeitsphase. Somit in der Arbeitsphase Drahtzahl pro Nut:

$$z_{An} = \frac{670}{24} = \mathbf{28\ Drähte.}$$

Nutenzahl pro Pol $\frac{24}{6} = 4.$

Drahtquerschnitt der Arbeitsphase:

$$q_A = \frac{J}{s_a} = \frac{14,8}{3,7} = \mathbf{4\ mm^2.}$$

Drahtdurchmesser $\sim$ **2,3 mm blank,**

2,6 mm isoliert (2 × Baumwolle besp.)

Mittlere Windungslänge: $m_l = l + 1,5\,\tau + 4$.

Polteilung $\tau = \frac{22,5 \cdot \pi}{6} = \mathbf{11,8\ cm.}$

$$m_l = 16,8 + 1,5 \cdot 11,8 + 4 = 38,5\ \text{cm} = \mathbf{0,385\ m.}$$

Drahtlänge $l_A = 28 \cdot 24 \cdot 0,385 = \mathbf{260\ m.}$

Drahtgewicht $G_{Cu_A} = 260 \cdot 4,14 \cdot 9,3 = \mathbf{10\ kg.}$

Ohmscher Widerstand:

$$rg_A = \frac{L_A}{k \cdot q} = \frac{260}{48 \cdot 4,14} = \mathbf{1,31\ \Omega.}$$

Effektiver Widerstand:

$$r_A = 1,1 \cdot 1,31 = \mathbf{1,45\ \Omega.}$$

Effektiver Spannungsabfall:

$$\varepsilon = 14,8 \cdot 1,45 \cong \mathbf{22\ Volt}\ \text{(Annahme 25 Volt).}$$

Hilfsphase. $^1/_3$ Nutenanteil = 12 Nuten, d. h. pro Pol 2 Nuten.

Drahtzahl pro Nut $\sim 0,9 \cdot z_{an} \cong 0,9 \cdot 28 \cong$ **25 Drähte.**

Drahtquerschnitt $0,8 \cdot q_A$, d. h. $0,8 \cdot 4,14 = \mathbf{3,3\ mm^2.}$

Dazu Drahtdurchmesser **2,1 mm blank,** 2,4 mm isoliert (2 × Bw).

Mittlere Windungslänge:

$$ml_H = l + 1,5\,\tau + 6 = 16,8 + 1,5 \cdot 11,8 + 6 = 40,5\ \text{cm} = \mathbf{0,405\ m.}$$

Drahtlänge:

$$l_h = ml \cdot z_H = 0,405 \cdot 25 \cdot 12 = \mathbf{121,5\ m.}$$

Drahtgewicht

$$G_{Cu_H} = 121,5 \cdot 3,45 \cdot 9,3 = \mathbf{3,9\ kg.}$$

Kraftlinienfluß

$$\Phi = \frac{E' \cdot 10^8}{1,84 \cdot z \cdot f} = \frac{475 \cdot 10^8}{1,84 \cdot 672 \cdot 50} = \mathbf{0,765 \cdot 10^6.}$$

Nutendisposition des Stators.

Die maximale Zahninduktion wird mit $B_{max} \leqq 18000$ gewählt, daher ist die minimale Zahnstärke

$$z'_{min} = \frac{\Phi \cdot 10^6}{\frac{36}{6} \cdot B_{max} \cdot \frac{2}{\pi} \cdot li}$$

$$= \frac{0{,}765 \cdot 10^6}{6 \cdot 18000 \cdot 0{,}637 \cdot 15{,}8} = 0{,}7 \text{ cm} = \mathbf{7\ mm.}$$

Bei rechteckiger Nut können wir die minimale Zahnstärke etwa 4 mm von der Bohrung erwarten. An dieser Stelle ergibt sich eine Zahnteilung von

$$t_1 = \frac{(225 + 8) \cdot \pi}{36} = \mathbf{20{,}4\ mm.}$$

Somit geringste Nutenbreite

$$bn_1 = 20{,}4 - 7 = \mathbf{13{,}4\ mm.}$$

Dieses Maß runden wir auf 13 mm ab, da dann noch genügend Platz für 4 Drähte nebeneinander einschließlich Isolation ist. Die Isolation muß verhältnismäßig stark ausgeführt werden, da die Klemmenspannung 500 Volt beträgt.

In der Breite ergibt sich (bei der Arbeitsphase)

etwa	4 Drähte je 2,4 mm	= 9,6 mm
	4 × Preßspan (2 × 2) je 0,4 mm	= 1,6 „
	2 × Ölleinen je 0,2 mm . . .	= 0,4 „

Im übrigen Spiel bzw. z. T. Lückenlage.

In der Tiefe:

etwa	7 Lagen je 2,4 mm	= 16,8 mm
	4 × Preßspan (2 × 2) je 0,4 mm	= 1,6 „
	2 × Ölleinen je 0,2 mm . .	= 0,4 „
	Fiber, 2 mm st.	= 2 „
	Keil, 3 mm st.	= 3 „
	Spielraum	= 0,7 „
		24,5 mm.

Damit die Drähte noch in die Nut eingelegt werden können, führen wir die Nutenschlitze 3,5 mm breit bei 1 mm Höhe aus. Da die Nuten der Hilfsphase nicht ganz ausgefüllt werden, legen wir in den übrigbleibenden Raum Preßspanstreifen von etwa 1 mm Stärke ein.

Die maximale Zahninduktion wird nunmehr

$$Bz_{1\,max} = \frac{\Phi}{Qz_{min_1}}$$

$$= \frac{0{,}765 \cdot 10^6}{6 \cdot \frac{2}{\pi} \cdot 0{,}74 \cdot 15{,}8} \cong \mathbf{17000.}$$

Die Zahnteilung am Zahnfußkreis

$$ta = \frac{(225 + 2 \cdot 25{,}5) \cdot \pi}{36} = \mathbf{24{,}2\ mm.}$$

Maximale Zahnbreite

$$24{,}2 - 13 = \mathbf{11{,}2\ mm.}$$

Minimale Zahninduktion

$$Bz_{1\,min} = \frac{0{,}765 \cdot 10^6}{6 \cdot \frac{2}{\pi} \cdot 1{,}12 \cdot 15{,}8} = 11\,300.$$

Statorkern.

Die Kernhöhe ist allgemein:

$$h = \frac{\Phi}{2 \cdot li \cdot Ba_{max}}$$

$$Ba_{max} \cong 11\,500.$$

Dann wird $$h = \frac{0{,}765 \cdot 10^6}{2 \cdot 15{,}8 \cdot 11\,500} = \mathbf{2{,}1\ cm.}$$

Es wird dann der Außendurchmesser der Statorbleche

$$Da = 225 + 2 \cdot 25{,}5 + 2 \cdot 21 = \mathbf{318\ mm.}$$

Rotorkern. Gewählt: $Br_{max} \cong 12\,500$.

Rotorrücken $$h_R = \frac{0{,}765 \cdot 10^6}{2 \cdot 15{,}8 \cdot 12\,500} = \mathbf{2\ cm.}$$

Rotorwicklung: Wir führen den Rotor dreiphasig aus und schalten die Wicklung in Stern. Pro Pol und Phase wählen wir $N_2 = 3$ Nuten, d. h. insgesamt $3 \cdot 3 \cdot 6 = 54$ Nuten.

Der Rotorstrom ist

$$J_{2p} \cong 0{,}95 \cdot \frac{c_1 \cdot \frac{z_1}{2}}{3 \cdot c_2 \cdot \frac{z_2}{2}} \cdot J.$$

Wicklungsfaktoren $c_1 = 0{,}83$, $z_1 = 670$, $J = 14{,}8$ Ampere,
$c_2 = 0{,}96$.

Pro Nut 5 Drähte gewählt, ergibt pro Phase

$$z_2 = \frac{5 \cdot 54}{3} = \mathbf{90\ Drähte.}$$

$$J_{2p} \cong 0{,}95 \cdot \frac{0{,}83 \cdot 335}{3 \cdot 0{,}96 \cdot 45} \cdot 14{,}8 = \mathbf{30{,}5\ Ampere.}$$

Bei einer Stromdichte von 5,2 Amp/mm² ergibt sich ein Drahtquerschnitt

$$q_2 = \frac{J_{2p}}{s_2} = \frac{30{,}5}{5{,}2} = \mathbf{5{,}85\ mm^2.}$$

Dieser Querschnitt entspricht einem Durchmesser von $\sim$ **2,8 mm** blank, 3,1 mm isoliert (2 × Baumw. besp.).

Nutenbreite: 3 + 0,8 (Preßspan) + 0,4 (Spiel) = **4,3 mm.**
Nutentiefe: 5 · 3 + 1,5 (Preßspan) + 2 (Keil)
Schlitz: 1,5 × 1 mm. + 1 (Spiel) = **19,5 mm.**

Übersetzung: $\text{Ü} = \frac{z_1}{z_2} = \frac{670}{90} = \mathbf{7{,}4:1.}$

Läuferspannung bei Stillstand $E_{p_2} = \frac{500}{7{,}4} \cong$ **67 Volt.**

Verkettet $E_2 = 67 \cdot \sqrt{3} =$ **116 Volt.**

Minimale Zahnteilung

$$t_i = \frac{D_z \cdot \pi}{N_{II}} = \frac{(224{,}1 - 2 \cdot 20{,}5) \cdot \pi}{54} = \mathbf{10{,}6\ mm.}$$

Minimale Zahnstärke

$$z'' = 10{,}6 - 4{,}3 = \mathbf{6{,}3\ mm.}$$

Maximale Teilung etwa 3 mm von der Peripherie entfernt:

$$t_2 = \frac{(224{,}1 - 2 \cdot 3) \cdot \pi}{54} = \mathbf{12{,}7\ mm.}$$

Maximale Zahnstärke (etwa 3 mm von der Peripherie entfernt):

$$z''_{max} = 12{,}7 - 4{,}3 = \mathbf{8{,}4\ mm.}$$

Maximale Zahninduktion

$$B_{max} = \frac{\Phi}{\frac{N_{II}}{2p} \cdot Z'' \cdot \frac{2}{\pi} \cdot l_i} = \frac{0{,}765 \cdot 10^6}{9 \cdot 0{,}63 \cdot \frac{2}{\pi}\ 15{,}8 \cdot} = \mathbf{13\,400.}$$

Minimale Zahninduktion

$$B_{min} = \frac{0{,}765 \cdot 10^6}{9 \cdot 0{,}84 \cdot \frac{2}{\pi} \cdot 15{,}8} = \mathbf{10\,200.}$$

Widerstand der Rotorwicklung.

$$m l_2 = l + 1{,}3\,\tau + 2.$$

Polteilung $\tau = \frac{22{,}5 \cdot \pi}{6} = 11{,}8$ cm.

$$m l_2 = 16{,}8 + 1{,}3 \cdot 11{,}8 + 2 = \mathbf{0{,}342\ m.}$$

Drahtlänge pro Phase

$$L_R = 90 \cdot 0{,}342 = \mathbf{30{,}8\ m.}$$

Drahtgewicht der drei Phasen

$$G_{Cu_R} = 3 \cdot 30{,}8 \cdot 5{,}85 \cdot 9{,}3 = 5100\ \text{g}$$
$$= \mathbf{5{,}1\ kg.}$$

Ohmscher Widerstand

$$r_{g_2} = \frac{30{,}8}{48 \cdot 5{,}85} = 0{,}108\ \Omega.$$

Effektiver Widerstand

$$r_2 = 1{,}1 \cdot 0{,}108 = \mathbf{0{,}119\ \Omega.}$$

Berechnung der Amperewindungen.

Amperewindungen für den Statorkern.

$$aw_{k_1} \cdot l_{k_1} = l_{k_1} \cdot \frac{4\,aw_{k\,mittel} + aw_{k\,max}}{6}.$$

$$l_{k_1} \cong \frac{29{,}7 \cdot \pi}{6} \cong 16 \text{ cm}.$$

$$Ba_{max} = 11\,500; \quad aw = 4{,}5.$$

Arithmetisch: $Ba_{mittel} = \frac{11\,500 + 0}{2} = 5750; \quad aw \cong 1.$

$$aw_{k_1} \cdot l_{k_1} = 16 \cdot \frac{4 \cdot 1 + 4{,}5}{6} \cong \mathbf{23}.$$

Amperewindungen für die Statorzähne ($Bz_{max} = 17000$).

$$aw_{z_1} \cdot l_{z_1} = l_{z_1} \cdot \frac{aw_{z\,min} + 4\,aw_{z\,mitt.} + aw_{z\,max}}{6}.$$

$$Bz_{max} = 17000; \quad aw = 60.$$

$$Bz_{mittel} = \frac{17000 + 11300}{2} = 14150; \quad aw = 12.$$

$$Bz_{min} = 11\,300; \quad aw \cong 4{,}5.$$

$$aw_{z_1} \cdot l_{z_1} = 2 \cdot 2{,}2 \cdot \frac{4{,}5 + 4 \cdot 12 + 60}{6} = \mathbf{82}.$$

Amperewindungen für die Rotorzähne ($Bz_{max} = 13400$).

$$aw_{z_2} \cdot l_{z_2} = l_{z_2} \cdot \frac{aw_{z\,min} + 4\,aw_{z\,mitt.} + aw_{z\,max}}{6}.$$

$$Bz_{max} = 13400; \quad aw = 9.$$

$$Bz_{mitt.} = \frac{13400 + 10200}{2} = 11\,800; \quad aw = 5.$$

$$Bz_{min} = 10\,200; \quad aw = 3{,}3.$$

$$aw_{z_2} \cdot l_{z_2} = 2 \cdot 1{,}8 \cdot \frac{3{,}3 + 4{,}5 + 9}{6} \cong \mathbf{20}.$$

Amperewindungen für den Rotorkern.

$$aw_{k_2} \cdot l_{k_2} = l_{k_2} \cdot \frac{4\,aw_{k\,mitt.} + aw_{k\,max}}{6}.$$

$$l_{k_2} = \frac{16{,}4 \cdot \pi}{6} \cong \mathbf{9}.$$

$$Br_{max} = 12\,500; \quad aw = 6{,}5.$$

Arithmetisch $Br_{mittel} = \frac{12500 + 0}{2} = 6250; \quad aw = 1{,}2.$

$$aw_{k_2} \cdot l_{k_2} = l_{k_2} \cdot \frac{4 \cdot 1{,}2 + 6{,}5}{6} = 16 \cdot 1{,}9 \cong \mathbf{30}.$$

Amperewindungen für den Luftspalt (vorläufig).

$$Bl = \frac{\Phi}{\alpha \cdot \tau \cdot l_i} = \frac{0{,}765 \cdot 10^6}{0{,}637 \cdot 11{,}8 \cdot 15{,}8} = \mathbf{6430} \text{ (wie Annahme)}.$$

$$Aw_l = 0{,}8 \cdot B_l \cdot 2\delta \cdot ks = 0{,}8 \cdot 6430 \cdot 0{,}09 \cdot 1{,}1 = \mathbf{510.}$$

$$\text{Faktor } kz = \frac{aw_l + \Sigma aw_z}{aw_l} = \frac{510 + 10^2}{510} = 1{,}2.$$

$$\alpha' = \alpha + \frac{kz - 1}{18} = 0{,}637 \cdot \frac{1{,}2 - 1}{18} = \mathbf{0{,}648.}$$

$$B'_{l\,max} = \frac{2 \cdot B_{l\,max}}{\pi\,\alpha'} = \frac{0{,}637 \cdot 6430}{0{,}648} = \mathbf{6340.}$$

Tatsächliche Luftamperewindungen:

$$Aw_l = 0{,}8 \cdot 6340 \cdot 0{,}09 \cdot 1{,}1 \cong \mathbf{500.}$$

Infolge der sehr geringen Abweichung bei der Luftinduktion gegenüber Annahme, brauchen in diesem Falle die Zahnamperewindungen nicht korrigiert zu werden.

$$\Sigma\, Aw = 30 + 20 + 500 + 82 + 23 = \mathbf{655.}$$

Magnetisierungsstrom (Blindkomponente).

$$i_\mu = \frac{1{,}11 \cdot p \cdot Awp}{m_1 \cdot w_A} = \frac{2{,}22 \cdot p \cdot Awp}{m_1 \cdot z_A}.$$

$$= \frac{2{,}22 \cdot 3 \cdot 655}{1 \cdot 672} = \mathbf{6{,}5\ Ampere.}$$

Verluste.

1. Hysteresisverlust im Statorkern:

$$W_H = \eta \cdot B_{max}^{1,6} \cdot f \cdot V_k \cdot 10^{-7}\ \text{Watt}; \quad \text{gewählt: } \eta = 0{,}001.$$

$$V_k = 29{,}7 \cdot \pi \cdot 15{,}3 \cdot 2{,}1 = \mathbf{3000\ cm^3.}$$

$$W_H = 0{,}001 \cdot 11500^{1,6} \cdot 50 \cdot 3000 \cdot 10^{-7}\ \text{Watt} \cong \mathbf{48\ Watt.}$$

2. Hysteresisverlust in den Statorzähnen:

$$W_{H_z} = \eta \cdot k_H \cdot Bz_{min}^{1,6} \cdot f \cdot Vz \cdot 10^{-7}\ \text{Watt}.$$

$$Vz = 32 \cdot 2{,}4 \cdot \frac{0{,}63 + 0{,}84}{2} \cdot 15{,}3 = \mathbf{870\ cm^3.}$$

$$k_H = 5\left[\frac{1 - \left(\frac{z_{min}}{z_{max}}\right)^{0,4}}{1 - \left(\frac{z_{min}}{z_{max}}\right)^{2}}\right]. \qquad \begin{aligned} z_{min} &= 7\ \text{mm} \\ z_{max} &= 11{,}2\ \text{mm} \end{aligned}$$

$$= 5\left[\frac{1 - 0{,}625^{0,4}}{1 - 0{,}625^{2}}\right].$$

$$= \mathbf{1{,}37.}$$

$$W_{H_z} = 0{,}001 \cdot 1{,}37 \cdot 11300^{1,6} \cdot 50 \cdot 870 \cdot 10^{-7}\ \text{Watt} = \mathbf{19\ Watt.}$$

3. Wirbelstromverlust im Statorkern:

$$Ww_k = 1{,}7 \cdot V_k \cdot Ba_{max}^2 \cdot \delta_b{}^2 \cdot f^2 \cdot 10^{-13}\ \text{Watt}.$$

$$= 1{,}7 \cdot 3000 \cdot 11500^2 \cdot 0{,}5^2 \cdot 50^2 \cdot 10^{-13}\ \text{Watt}.$$

$$= \mathbf{41\ Watt.}$$

4. Wirbelstromverluste in den Statorzähnen:

$$Ww_z = k_w \cdot 1{,}7 \cdot Vz \cdot Bz_{min}^2 \cdot \delta_b{}^2 \cdot f^2 \cdot 10^{-13} \text{ Watt.}$$

$$k_w = \frac{4{,}6}{1-\left(\frac{z_{min}}{z_{max}}\right)^2} \cdot \lg\left(\frac{z_{max}}{z_{min}}\right).$$

$$= \frac{4{,}6}{1-(0{,}625)^2} \cdot \lg 1{,}6\,.$$

$$= \mathbf{1{,}53.}$$

$$Ww_z = 1{,}53 \cdot 1{,}7 \cdot 870 \cdot 11300^2 \cdot 0{,}5^2 \cdot 50^2 \cdot 10^{-13} \text{ Watt.}$$

$$= 18{,}2 \sim \mathbf{19\ Watt.}$$

5. Oberflächenverluste (Stator und Rotor):

$$W_0 = 0{,}09\left[\frac{Bl}{1000}\right]^2 \cdot v^{1{,}5}\left[0{,}007\ Os \cdot \frac{tr}{\sqrt{r_r}} + 0{,}006 \cdot Or \cdot \frac{ts}{\sqrt{r_s}}\right].$$

$$Bl = 6340.$$

$$v = \frac{D \cdot \pi \cdot n}{60} = \frac{0{,}2241 \cdot \pi \cdot 1000}{60} = \mathbf{11{,}7\ m/sek.}$$

$$Os = 1{,}62 \cdot 16{,}8 \cdot 32 = 870\ cm^2 = \mathbf{8{,}7\ dm^2.}$$

$$Or = 1{,}16 \cdot 16{,}8 \cdot 54 = 1060\ cm^2 = \mathbf{10{,}6\ dm^2.}$$

$$W_0 = 0{,}09\left(\frac{6340}{1000}\right)^2 \cdot 11{,}7^{1{,}5} \cdot \left[0{,}007 \cdot 8{,}7 \cdot \frac{1{,}3}{\sqrt{0{,}15}} + 0{,}006 \cdot 10{,}6 \cdot \frac{1{,}97}{\sqrt{0{,}35}}\right].$$

$$\cong \mathbf{59{,}0\ Watt.}$$

6. Pulsationsverluste $\sim$ 0,6fache Oberflächenverluste:

$$W_P = 0{,}6 \cdot 59{,}0 = \sim \mathbf{36\ Watt.}$$

Kupferverluste.

Stromwärmeverluste bei Leerlauf:

$$W_{Cu_0} = \cdot i_0{}^2 \cdot r_1 = 6{,}5^2 \cdot 1{,}45 = \mathbf{61\ Watt.}$$

Stromwärmeverluste bei Vollast:

$$W_{Cu_I} = J^2 \cdot r^1 = 14{,}8^2 \cdot 1{,}45 = \mathbf{318\ Watt.}$$

$$W_{Cu_{II}} = 3 \cdot J_2{}^2 \cdot r^2 = 3 \cdot 30{,}5^2 \cdot 0{,}119 = \mathbf{333\ Watt.}$$

Reibungsverluste.

Verluste durch Lagerreibung:

$$W_{La} = 0{,}7 \cdot dz \cdot lz \cdot \sqrt{vz^3} \text{ Watt.}$$

Zapfendurchmesser $dz = 3{,}5$ cm, $\frac{lz}{2} = 7$ cm.

$$v_z = \frac{dz \cdot \pi \cdot n}{60} = \frac{0{,}035 \cdot \pi \cdot 970}{60} = \mathbf{1{,}78\ m/sek.};$$

$$W_{La} = 0{,}7 \cdot 3{,}5 \cdot 14 \cdot \sqrt{1{,}78^3} \text{ Watt.}$$

$$= \mathbf{81\ Watt.}$$

Berechnung Nr. 4.

Einphasen-Motor.

5 kW, (*6,8* PS); *500* Volt; *14,8* Amp.; ∼ *1000* Touren (leer), ∼ *970* Touren (Vollast); *6* Pole; *50* Perioden; $\cos\varphi = 0{,}81$; $\eta = 0{,}83$; *Dauer*-Betrieb; *offene* Ausführung.

AS *210*. Luftind. *6450*.
Zahninduktionen S *17000*.
Zahninduktionen R *13400*.
Rückeninduktion *11500*.

$$\text{Kraftfluß (Stator)} = \frac{475 \cdot 10^8}{1{,}84 \cdot 672 \cdot 50} = \mathbf{0{,}765 \cdot 10^6}.$$

Stator.

Außendurchmesser: *318* mm
Bohrung: *225* mm
Luftspalt: *0,45* mm
Eisenlänge (wirksam): *153* (*158*) mm
Paketlänge: *168* mm
300 Bleche à *0,5* mm
2 Endbleche à *1,5* mm
Rückentiefe: *21* mm
Nutenzahl: *36*
Nuten pro Pol und Phase: *4/2*

Nutenbreite: *13* mm
Nutentiefe: *24,5* mm
Zahnteilung: *24,2* mm
Zahnbreite: oben *11,2*
Drähte (Windg.) pro Nut: *28* (*A. Ph.*).
Drähte (Windg.) pro Nut: *25* (*H. Ph.*).
Draht ⌀ bl. *2,3/2,1* mm, isol. *2,6/2,4* (mm)
Spulenzahl pro Kern: *12*
Schaltung der Spulen: Serie
Isolation: Preßspan: *0,5* mm

Erregerstrom: *6,5 Amp.*
Leerlaufstrom: *6,55 Amp.*
Mittlere Windungslänge: *0,385* m
Länge pro Phase: *260* (*121,5*) m
Drahtquerschnitt: *4,1* mm²
Stromdichte: *3,6* Amp/mm²
Widerstand pro Phase (K-48): *1,45* Ohm
Kupfergew. Hauptwickl.: *10* kg
Kupfergew. Hilfswickl.: *3,9* kg

Teil	Material	𝔅	l	aw	AW
Rotorjoch	Ankerblech	*12500*	*9*	*6,5*	*30*
Rotorzähne	Ankerblech	*13400*	*1,8*	*9*	*20*
Luft	—	*6430*	*0,09*	—	*500*
Statorzähne	Ankerblech	*17000*	*2,2*	*60/12*	*82*
Statorkern	Ankerblech	*11500*	*16*	*4,5*	*23*
				Sa.	*655*

Rotor.

Außendurchmesser: *224,1* mm
Innendurchmesser (Welle): *45* (*35*) mm
Eisenlänge (wirksam): *153* (*158*) mm
300 Bleche à *0,5* mm
Paketlänge: *168* mm
2 Endbleche à *1,5* mm
Nutenzahl: *54*
Nuten pro Pol und Phase: *3*
Nutenbreite: *4,3* mm

Nutentiefe: *19,5* mm
Art der Wicklung: *Dreiphasenwicklung*
Phasenzahl: *3*
Drähte pro Nut (Windg.): *5*
Draht ⌀ bl. *2,8* mm, isol. *3,1* (mm)
Drahtquerschnitt: *5,85* mm²
Schaltung der Spulen: Serie
Schaltung der Phasen: Stern
Mittlere Windungslänge: *0,342* m

Länge der Phase: *30,8* m
Zahnteilungen: *10,6* mm
Zahnbreite: oben *8,4* mm
Stromdichte: *5,2* Amp/mm²
Widerstand pro Phase (k-48): *0,119* Ohm
Kupfergewicht: *5,1* kg
Anlasser: { *116* Volt, *30,5* Amp.

Verlust durch Luftreibung:

$$W_{Lu} \cong 0{,}35 \cdot W_{La} = 0{,}35 \cdot 81 \cong \mathbf{29\ Watt.}$$

Summe der Leerlaufverluste:

$$W_0 = 41 + 19 + 48 + 19 + 59{,}0 + 36 + 61 + 81 + 29 \text{ Watt}$$
$$= \mathbf{393\ Watt.}$$

Daraus folgt für die Wirkkomponente des Leerlaufstromes:

$$i_w = \frac{393}{500} = \mathbf{0{,}78\ Ampere.}$$

Somit ist der Leerlaufstrom (bei abgeschalteter Hilfsphase):

$$J_0 = \sqrt{i_{\mu}^2 + i_w^2}$$
$$= \sqrt{6{,}5^2 + 0{,}78^2}$$
$$= \mathbf{6{,}55\ Ampere.}$$

Summe aller Verluste bei Vollast:

$$\Sigma W = W_{Fe} + W_R + W_{Cu}$$
$$= 222 + 110 + 651 = \mathbf{983\ Watt.}$$

Wirkungsgrad bei Vollast:

$$\eta = \frac{5000}{5000 + 983} = \mathbf{0{,}835} \text{ (0,5 vH besser als Annahme).}$$

IV. Anormale Ausführungen.

36. Gekapselte (ganz geschlossene) Motoren.

Zur Verwendung in sehr feuchten und staubigen Räumen wie bei ungeschützter Aufstellung im Freien kommen meist ganz geschlossene Motoren in Frage.

Die von den Wattverlusten des Motors ausgehende Wärmemenge muß hier lediglich durch die Maschinenoberfläche ausstrahlen. Gegenüber der normalen offenen Maschine ergibt sich mithin eine stark verminderte Wärmeableitung. Zur Herabsetzung der wärmeerzeugenden Verluste müssen die Stromdichten und magnetischen Eisenbeanspruchungen viel niedriger als bei normalen Maschinen eingesetzt werden. D. h. bei gleicher Temperaturerhöhung ist die Leistung irgendeiner Maschinentype in geschlossener Ausführung wesentlich geringer als in offener. Durchschnittlich leistet ein solcher Wechselstrommotor nur 50 bis 60 % soviel als ein Motor in offener Bauart. Durch Anbringen von Rippen am äußeren Gehäuse kann man allerdings die Abkühlung und damit die Leistung etwas verbessern. Solche Ausführungen verdienen jedoch wenig Beachtung, da man für gekapselte Maschinen gern besondere Gehäuse vermeidet, um wirtschaftlicher fabrizieren zu können. Die anormale Ausführung bei den Eisenteilen entfällt fast nur auf die Lagerschilde.

Bei den heute üblichen Konstruktionen mit 0,5 bis 0,65 facher Ausnutzung ergeben sich für die Beanspruchung folgende Anteile:

Induktionen 0,67 bis 0,76 fach der normalen
AS = 0,75 bis 0,85 fach der normalen
(0,67 · 0,75 = 0,5; 0,76 · 0,85 = 0,65).

Die Ermäßigung der linearen Beanspruchung gilt im gleichen Maße für die Kupferbeanspruchung s.

Die niedrigeren Belastungszahlen gelten dann für größere Motoren, die höheren für kleinere Motoren (bis etwa 0,5 kW), da bei letzteren die spezifische Abkühlungsoberfläche zunimmt.

Infolge der schlechteren Ausnutzung geschlossener gegenüber den offenen Motoren sind auch die Wirkungsgrade und Leistungsfaktoren geringer. Je nach Größe der Maschine wird η um 1 bis 3 vH desgl. $\cos\varphi$ kleiner.

Die Berechnung der geschlossenen Motoren erfolgt dann in ähnlicher Weise wie bei offenen Motoren.

Es soll der einleitende Weg zur Berechnung an einem Beispiel gezeigt werden.

37. Fünftes Beispiel.

Gekapselter Drehstrommotor 10 kW, 500 Volt, 50 Perioden, etwa 1000/970 U/m. (Dauerleistung.)

Normale Induktion $B_{l\,max} = 6500$, jetzt $0{,}72 \cdot 6500$, $B_{l\,max} = \mathbf{4700}$.

Normal-AS = 225, jetzt AS = 0,8 · 225 = **180.**

Der Spannungsabfall wird etwas mäßiger als normal ausfallen und zwar etwa $\varepsilon = 3$ vH.

Im übrigen gewählt: $\eta = 0{,}85$; $\cos\varphi = 0{,}84$.

$$\lambda = \frac{li}{D} = 0{,}75.$$

Stromverbrauch: $J = \dfrac{10000}{\sqrt{3} \cdot 500 \cdot 0{,}85 \cdot 0{,}84} = \mathbf{16\ Ampere.}$

Gewählt Sternschaltung, daher auch Jp = **16 Ampere.**

Bohrung: $D = \sqrt[3]{\dfrac{26{,}7 \cdot Ep' \cdot Jp \cdot 10^8}{B_{l\,max} \cdot n \cdot AS \cdot \lambda}}.$

$$Ep' = \frac{500}{\sqrt{3}} - 0{,}03 \cdot \frac{500}{\sqrt{3}} = \mathbf{282\ Volt.}$$

$$D = \sqrt[3]{\frac{26{,}7 \cdot 282 \cdot 16 \cdot 10^8}{4700 \cdot 1000 \cdot 180 \cdot 0{,}75}} = \mathbf{26{,}8\ cm};\ \text{ausgeführt: } \mathbf{27\ cm.}$$

$$\delta = 0{,}02 + \frac{D}{900} = 0{,}02 + \frac{27}{900} = 0{,}05\ \text{cm} = \mathbf{0{,}5\ mm.}$$

Rotordurchmesser $D' = 270 - 2 \cdot 0{,}5 =$ **269 mm.**

Ideelle Eisenpaketlänge $l_i = D \cdot \lambda = 27 \cdot 0{,}75 =$ **20,3 cm.**

Aktive Eisenlänge $l_a = \frac{20{,}3}{1{,}03} =$ **19,7 cm.**

Tatsächliche Paketlänge $l = 19{,}7 \cdot 1{,}1 = 21{,}7\ \text{cm} =$ **217 mm.**

Drahtzahl pro Phase

$$z_1 = \frac{AS \cdot D \cdot \pi}{3 \cdot Jp} = \frac{180 \cdot 27 \cdot \pi}{3 \cdot 16} = \mathbf{320.}$$

Gewählt 36 Nuten, d. h. pro Pol = 6, pro Pol und Phase = 2.

Drahtzahl pro Nut $Z_N = \frac{320}{12} = 26{,}6 \sim$ **27 Drähte.**

Drahtquerschnitt $q_1 = \frac{Jp}{s_1}$.

Kupferbeanspruchung in gleichem Maße wie die AS-Zahl reduziert, d. h. $s_1 = 0{,}8 \cdot 3{,}6 =$ **2,9 mm².**

$$q_1 = \frac{16}{2{,}9} = \mathbf{5{,}5\ mm^2.}$$

Drahtdurchmesser $2{,}66 \sim$ **2,7 mm** blank, isoliert $2 \times$ Bw. besp. 3 mm.

Kraftlinienfluß $\Phi = \frac{Ep' \cdot 10^8}{2{,}13 \cdot f \cdot z_1} = \frac{282 \cdot 10^8}{2{,}13 \cdot 50 \cdot 27 \cdot 12} = \mathbf{0{,}82 \cdot 10^6.}$

Die Kernhöhe des Stators

$$h = \frac{\Phi}{2 \cdot l_i \cdot Ba_{max}};$$

$$Ba_{max} = 12000 \cdot 0{,}72 \cong \mathbf{8600.}$$

$$h = \frac{0{,}82 \cdot 10^6}{2 \cdot 20{,}3 \cdot 8600} = 2{,}33\ \text{cm} \sim 2{,}4\ \text{cm} = \mathbf{24\ mm.}$$

Im übrigen Berechnung wie bei gewöhnlichen Motoren, nachdem B_r und B_z ermäßigt.

38. Motoren für intermittierenden (aussetzenden) Betrieb.

Wenn man die Leistung eines Motors nennt, so ist dieselbe normalerweise für einen Dauerbetrieb zu verstehen. Solchem unterliegt jeder Motor, sofern er mindestens 2 bis 3 Stunden bis zu beliebig langer Zeitdauer ohne Unterbrechung läuft. Bei kürzeren Betriebszeiten (unter 2 Std.) bzw. bei häufigen Unterbrechungen spricht man von einem intermittierenden (int.) Betrieb. (Abb. 33.)

Würde man einen für Dauerleistung berechneten Motor ausschließlich kurzzeitig benutzen, so wird er seine zulässige Temperatur nie erreichen, d. h. also, er wird nicht ausgenutzt. Eisen und Kupfer können mithin höher beansprucht werden, um die Maschine auf normale Erwärmung zu bringen. Es ginge z. B. nicht an, daß man einen kleiner dimensionierten Motor für int. Betrieb benutzt, indem man ihn einfach überlastet. Man könnte das Kupfer zwar z. T. ausnutzen, aber nicht das Eisen, da der Kraftlinienfluß von der Last fast nicht beeinflußt wird. Der Motor muß vielmehr für int. Betrieb besonders berechnet werden. Dies geschieht vorteilhaft auf Grund von Erfahrungswerten, wobei sich eine verschieden starke Mehrbelastung bei Kupfer und Eisen ergibt. Das Produkt der Steigerungsfaktoren für AS und $B_{l\,max}$ ergeben dann die Typensteigerung, denn andere Faktoren der Durchmesser-Formel sind für eine Leistungssteigerung gar nicht oder nur unwesentlich maßgebend.

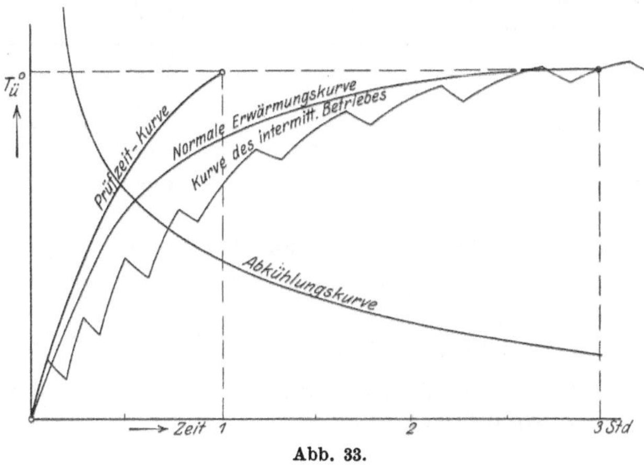

Abb. 33.

In der Praxis unterscheidet man für intermittierenden Betrieb meist folgende Abstufung:

100 = Minutenbetrieb
60 = Minutenbetrieb (Stundenleistung)
40 = Minutenbetrieb (Kranleistung)
30 = Minutenbetrieb (Aufzugleistung).

Z. B. ist die Bezeichnung 4 kW int. (40 Min.) so zu verstehen, daß der betreffende Motor bei normalem Kranbetrieb mit seinen vielen Unterbrechungen bzw. Ruhepausen, ähnlich wie bei Dauerleistungsmotoren, seine zulässige Temperatur nach einigen Stunden annähernd erreicht, ohne sie zu übersteigen oder aber der Motor unterliegt einer Betriebsweise mit dem normalen Kranbetriebe ähnlicher Tendenz. Schließlich bedeutet die Zahl 40 die Minutenzeit für ununterbrochene Prüfung (im Prüffeld), welche der vorher genannten Betriebsart entspricht. Es ist so die Möglichkeit geschaffen, Motoren mit beliebigem int. Betrieb während einer sehr kurzen Zeitdauer ohne Unterbrechung zu prüfen, wobei sehr ähnliche Erwärmungen gezeitigt werden wie beim praktischen Betrieb mit seinen oft recht zahlreichen Unterbrechungen.

Die Festlegung der Zahlen für die verschiedenen Prüfzeiten war durch häufige Aufnahme von Erwärmungskurven in der Praxis möglich. (Abb. 33).

Bei der Berechnung von Motoren für int. Betrieb sind dann im wesentlichen nur die Steigerungsfähigkeiten von AS, B und s zu beachten.

Auf Grund von Erfahrungswerten ergeben sich folgende Steigerungsfaktoren.

Int. Betrieb	Steigerungsfaktoren			
	von AS und in Cu-Beanspr.	von $B_{l\max}$	von B_{Fe}	der Type
100′	1,12	1,10	1,07	1,24
60′	1,22	1,19	1,13	1,45
40′	1,27	1,22	1,16	1,55
30′	1,34	1,26	1,20	1,70

Die Wirkungsgrade und Leistungsfaktoren liegen im Durchschnitt etwa 1 bis 3 vH tiefer als bei normalen Motoren.

39. Sechstes Beispiel.

Drehstrommotor 6 kW int. (Stundenleistung), 120 Volt, 50 Perioden, ~ 1000 U/m.

Ausführung: Offene Bauart.

$$p = \frac{60 \cdot f}{n} = \frac{60 \cdot 50}{1000} = 3 \text{ Polpaare} = \mathbf{6\ Pole.}$$

Bei 1,45facher Ausnutzung gegenüber Dauerleistung ergibt sich die analoge Normalleistung von 6 : 1,45 = 4,15 kW bei etwa 1000 U/m oder 4,15 · 1,5 = **6,2 kW bei etwa 1500 U/m,** wofür die Grunddaten zu wählen sind.

Luftinduktion (1,19 fach der normalen)

$$B_{l\max} = 1{,}19 \cdot 6350 = \mathbf{7550.}$$

$$AS = 1{,}22 \cdot 195 \cong \mathbf{240.}$$

Annahme: Wirkungsgrad etwa 0,84.

$$\cos\varphi \cong 0{,}83.$$

$$\varepsilon \cong 5 \text{ vH} = 0{,}05 \cdot 120 = 6 \text{ Volt}.$$

Infolge der niedrigen Betriebsspannung wird Dreieckschaltung gewählt.

Ferner Längenverhältnis

$$\lambda = \frac{li}{D} = 0{,}8.$$

Stromaufnahme:

$$J = \frac{6000}{\sqrt{3} \cdot 120 \cdot 0{,}84 \cdot 0{,}83} = \mathbf{41{,}5\ Ampere.}$$

Pro Phase $Jp = \frac{41{,}5}{\sqrt{3}} = \mathbf{24\ Ampere.}$

Statorbohrung

$$D = \sqrt[3]{\frac{26{,}7 \cdot Ep \cdot Jp \cdot 10^8}{Bl_{max} \cdot n \cdot AS \cdot \lambda}}$$

$$= \sqrt[3]{\frac{26{,}7 \cdot (120 - 6) \cdot 24 \cdot 10^8}{7600 \cdot 1000 \cdot 250 \cdot 0{,}8}}$$

$$= \sim \mathbf{17\ cm = 170\ mm.}$$

Ideelle Eisenlänge $li = 0{,}8 \cdot 17 = 13{,}7$ cm.

Eisenlänge $la = \frac{13{,}7}{1{,}04} = 13$ cm.

Tatsächliche Länge $l = 13 \cdot 1{,}1 = \mathbf{14{,}3\ cm = 143\ mm.}$

Luftspalt

$$\delta = 0{,}02 + \frac{D}{900}$$

$$= 0{,}02 + \frac{17}{900} = 0{,}039 \text{ cm} \cong \mathbf{0{,}4\ mm.}$$

Läuferdurchmesser

$$D' = 170 - 2 \cdot 0{,}4 = \mathbf{169{,}2\ mm.}$$

Für den Stator passen 36 Nuten, d. h. pro Pol 6 und pro Pol und Phase 2.

Drahtzahl pro Phase

$$z_1 = \frac{AS \cdot D \cdot \pi}{3 \cdot Jp} = \frac{240 \cdot 17 \cdot \pi}{3 \cdot 24} = \mathbf{178\ Drähte,}$$

d. h. pro Nut $\frac{178}{12} \cong$ **15 Drähte.**

Mithin wirkliche Drahtzahl pro Phase

$$z_1 = 15 \cdot 12 = \mathbf{180\ Drähte.}$$

Drahtquerschnitt $q_1 = \frac{Jp}{s_1}$;

$s_1 = 1{,}22$ fach der normalen Beanspruchung.

$s_1 = 1{,}22 \cdot 3{,}7 = 4{,}5$ Amp./mm².

$$q_1 = \frac{24}{2{,}5} \cong \mathbf{5{,}3\ mm^2.}$$

Dazu Drahtdurchmesser

2,6 ⌀ blank, 2,9 mm isol. (2 × Bw.)

Kraftlinienfluß $\Phi = \frac{Ep' \cdot 10^8}{2{,}13 \cdot f \cdot z_1}$

$$= \frac{114 \cdot 10^8}{2{,}13 \cdot 50 \cdot 15 \cdot 12} = \mathbf{0{,}6 \cdot 10^6.}$$

Rückeninduktion des Stators

$$Ba_{max} = 1{,}13 \cdot 12000 = \mathbf{13400.}$$

Kernhöhe des Stators:

$$h = \frac{0{,}6 \cdot 10^6}{2 \cdot 13{,}7 \cdot 13400}$$

$$= 1{,}63 \text{ cm} \cong \mathbf{17\ mm.}$$

Minimale Zahnstärke

$$z'_{min} = \frac{\Phi}{9 \cdot Bz_{max} \cdot \frac{2}{\pi} \cdot li}.$$

$$Bz_{max} = 1{,}13 \cdot 18000 = \mathbf{20300.}$$

Werte eingesetzt:

$$z'_{min} = \frac{0{,}6 \cdot 10^6}{6 \cdot 20300 \cdot 0{,}637 \cdot 13{,}7} = \mathbf{0{,}56\ cm}$$

$$= \mathbf{5{,}6\ mm.}$$

Teilung etwa 4 mm von der Peripherie entfernt

$$t' = \frac{174 \cdot \pi}{36} = \mathbf{15{,}3\ mm.}$$

Nutenbreite (konstant)

$$b_N = 15{,}3 - 5{,}6 = \mathbf{9{,}7\ mm.}$$

Da in der Breite 7,9 bis 8 mm nutzbar werden, ergibt sich bei konstanter Nutenbreite mit dem gerechneten Draht 2,6/2,9 schlechte Platzausnutzung. Wir wählen daher 2 parallele Drähte mit je halbem Querschnitt (doppelte Drahtzahl).

Mithin 2 Drähte parallel 1,8/2 mm.

Es gehen dann gerade 4 Drähte nebeneinander, d. h. bei $2 \cdot 15 = 30$ Drähte insgesamt ergeben sich $\frac{30}{4} \cong 8$ Lagen mit einer Höhe von $8 \cdot 2 = 16$ mm.

Unter Berücksichtigung eines Spielraumes sowie eines Keilabschlusses erhalten wir eine Nutentiefe von $16 + 6 =$ **22 mm.**

Somit Nutendimension: **9,7 × 22 mm.**

Nutenschlitz 1 × 3 mm.

Außendurchmesser des Blechpakets

$$D_a = 170 + 2 \cdot 1 + 2 \cdot 22 + 2 \cdot 17 = \mathbf{250\ mm.}$$

Der Rotor mit 54 Nuten, d. s. 3 Nuten pro Pol und Phase, ergibt sich dann nach den bei normalen Berechnungen früher gegebenen Verhältnissen, desgl. die übrige Berechnung.

Erklärung der Formelzeichen.

A.

AS = Zahl der Amperedrähte pro cm Umfang (lineare Beanspruchung).
A_s = Gesamte Abkühlungsfläche.
Aw = Totale Amperewindungen.
Aw_p = Amperewindungen pro Polpaar.
a = Äußere Spulenkopfbreite ohne Isolation.
a_s = Spezifische Abkühlungsfläche.
aw = Amperewindungen pro cm Kraftlinienweg.
aw_{k_1} = Amperewindungen pro cm Kraftlinienweg im Statorkern.
aw_{k_2} = Amperewindungen pro cm Kraftlinienweg im Rotorkern.
aw_{z_1} = Amperewindungen pro cm Kraftlinienweg in den Statorzähnen.
aw_{z_2} = Amperewindungen pro cm Kraftlinienweg in den Rotorzähnen.

B.

B_a = Induktion im Ankerkern (Stator).
B_l = Luftinduktion (Mittelwert).
$B_{l\,max}$ = Maximale Luftinduktion.
B_r = Induktion im Rotorkern.
B' = Momentaner Mittelwert der Induktion im Diagramm.
B_{max} = Maximale Induktion im Diagramm.
B_{z_1} = Zahninduktion im Stator.
B_{z_2} = Zahninduktion im Rotor.
$B_{z\,max}$ = Maximale Zahninduktion.
b_N = Nutenbreite.
b = Flächenbreite im Diagramm.
b_z = Zahnbreite an irgendeiner betrachteten Stelle.
b_{z_3} = Statorzahnbreite an der Bohrnng.

C.

c = Wicklungsfaktor.
$\cos\varphi$ = Leistungsfaktor bei Normallast.
$\cos\varphi_0$ = Leistungsfaktor bei Leerlauf.
$\cos\varphi_k$ = Leistungsfaktor bei festgebremstem Zustande des Motors.
$\cos\varphi_{max}$ = Maximaler Leistungsfaktor.

D.

D = Bohrung des Stators in cm.
D' = Rotordurchmesser in cm.
D_a = Äußerer Blechpaketdurchmesser des Stators.
D_i = Innerer Blechpaketdurchmesser des Rotors.
D_r = Mittlerer Kurzschlußring-Durchmesser in cm.
D_z = Durchmesser des Fußkreises der Rotorzähne.
d = Wellendurchmesser beim Kern (bei kl. Maschinen identisch mit D_i).
d' = Zapfendurchmesser in cm.

E.

E = Klemmenspannung zwischen zwei Außenleitern.
E_p = Klemmenspannung an einer Statorphase.
E'_p = Wirksame Statorphasenspannung.
E_2 = Rotorspannung bei Stillstand.
E_p = Rotorphasenspannung bei Stillstand.
e_2 = Rotorspannung bei Normallast.
e_p = Rotorphasenspannung bei Normallast.
$\mathfrak{E}_v$ = Leerlaufwatt (Arbeitsdiagramm).
$\mathfrak{E}_k$ = Kurzschlußwatt (Arbeitsdiagramm).
$\mathfrak{E}_2$ = Rotorleistung.

F.

f = Periodenzahl (Frequenz).
F = Fläche im Diagramm.

G.

g = Spezifischer Auflagedruck der Bürsten an den Schleifringen.
G_1 = Kupfergewicht der Statorwicklung.
G_2 = Kupfergewicht der Rotorwicklung..

H.

h = Eisenhöhe des Statorjoches (Ankerkern).
h_R = Eisenhöhe des Rotorkerns.

J.

J = Normallaststrom in einem Außenleiter.
J_p = Normaler Phasenstrom im Stator.
J_p = Normaler Rotorphasenstrom.
J_2 = Normaler Rotorstrom in einem Außenleiter (Anlasserleitung).
J_0 = Gesamter Leerlaufstrom in einem Außenleiter bei Lauf.
J'_0 = Leerlaufstrom in einem Außenleiter bei Stillstand (Rotorkreis offen).
J_k = Kurzschlußstrom (festgebremst) pro Phase.
J_A = Anlaufstrom.
J_r = Ringstrom bei Kurzschlußläufern.
J_w = Wirkstrom in einem Außenleiter (Stator) bei Leerlauf.
J'_w = Wirkstrom in einem Außenleiter (Stator) bei Stillstand (Rotorkreis offen).
i_0 = Leerlaufstrom in einer Phase bei Lauf.
i'_0 = Leerlaufstrom in einer Phase bei Stillstand (Rotorkreis offen).
i_w = Wirkstrom in einer Phase bei Leerlauf.
i_{w_e} = Wirkstrom in einer Phase bei Stillstand (Rotorkreis offen).
i_μ = Blindstrom (Magnetisierungsstrom) in einer Phase bei Leerlauf.
i_2 = Stabstrom bei Kurzschlußläufern.

K.

k = Leitfähigkeit $\left(= \frac{1}{\varrho}\right)$ des Kupfers.
k_H = Faktor zur Berechnung der Hysteresisverluste in den Zähnen.
k_w = Faktor zur Berechnung der Wirbelstromverluste in den Zähnen.
k_s und k_z = Faktoren zur Berechnung der Luftamperewindungen.
k_3 = Faktor zur Berechnung der Zahnamperewindungen.

L.

L = Selbstinduktionskoeffizient.
l = Drahtlänge pro Statorphase in m.
l' = Drahtlänge pro Rotorphase in m.
l_a = Aktive Eisenpaketlänge in cm.
l_i = Ideelle Ankerlänge.
l_k = Kraftlinienlänge des mittleren Eisenweges im Kern in cm.
l_p = Wirkliche Länge der Pakete.
l_1 = Ankerlänge (total) mit Luftschlitzen.
l_s = Äußere Spulenlänge.
l_z = Mittlere Kraftlinienlänge in den Zähnen in cm.
l_{za} = Zapfenlänge in cm.

M.

Md = Drehmoment.
m_1 = Phasenzahl des Stators.
m_2 = Phasenzahl des Rotors.
ml_1 = Mittlere Windungslänge der Statorwicklung.
ml_2 = Mittlere Windungslänge der Rotorwicklung.

N.

N_I = Nutenzahl des Stators.
N_{II} = Nutenzahl des Rotors.
N_1 = Nutenzahl pro Pol und Phase im Stator.
N_2 = Nutenzahl pro Pol und Phase im Rotor.
N_s = Anzahl der zu einem Spulenkopf zusammengefügten Spulenseiten.
n = Umdrehungszahl des Läufers pro Minute.
n_s = Sekundliche Drehzahl des Feldes.
n' = Synchrone Drehzahl.

P.

p = Anzahl der Polpaare.

Q.

Q_1 = Eisenjochquerschnitt vom Statorpaket.
Q_2 = Eisenjochquerschnitt vom Rotorpaket.
Q_l = Luftquerschnitt in cm^2 pro Pol.
Qz_m = Mittlerer Statorzahnquerschnitt pro Pol.
Qz_{min_1} = Minimaler Statorzahnquerschnitt pro Pol.
Qz_{m_2} = Mittlerer Rotorzahnquerschnitt pro Pol.
Qz_{min_2} = Minimaler Rotorzahnquerschnitt pro Pol.
Qz_{max_1} = Maximaler Statorzahnquerschnitt pro Pol.
Qz_{max_2} = Maximaler Rotorzahnquerschnitt pro Pol.
q_n = Anzahl der Nuten pro Pol und Phase. (allgemein).
q_1 = Drahtquerschnitt der Statorwicklung.
q_2 = Drahtquerschnitt der Rotorwicklung.

R.

R = Anlaßwiderstand.
R_{s_1} = Reaktanz einer Statorphase.
R_{s_2} = Reaktanz einer Rotorphase.

R_{s_k} = Kurzschlußreaktanz.
r = Wirksamer Widerstand einer Phase.
r_g = Ohmscher Widerstand einer Phase.
r, r_1, r_2 usw. = Nutendimensionen zur Berechnung der Reaktanzen.
r_s = Stabwiderstand bei Kurzschlußläufern.
r_r = Widerstand eines Ringsegmentes bei Kurzschlußläufern.
$r_{g_{II}}$ = Resultierender Ohmscher Widerstand bei Kurzschlußläufern.
r_{II} = Effektiver Widerstand bei Kurzschlußläufern.

S.

s = Geschlüpfte Touren in vH.
s_n = Geschlüpfte Touren.
s_1 = Stromdichte im Statordraht in Amp./mm².
s_2 = Stromdichte im Rotordraht in Amp./mm².
s_r = Stromdichte im Kurzschlußring bei Kurzschlußläufern.

T.

$T_ü$ = Übertemperatur.
t = Zahnteilung an der Statorbohrung.
t_a = Maximale Zahnteilung der Statorzähne.
t_i = Minimale Zahnteilung der Rotorzähne.
t_1 = Zahnteilung an der schwächsten Stelle der Statorzähne.
t_2 = Zahnteilung an der stärksten Stelle der Rotorzähne.
t' = Äußere Rotorzahnteilung.

U.

U_s = Querschnittsumfang eines Spulenkopfes.
Ü = Übersetzungsverhältnis zwischen Stator- und Rotorspannung bei Stillstand.

V.

V = Eisenvolumen in cm^3.
V_w = Totale Verluste in Watt.
V_2 = Rotorverluste.
V_z = Zahnvolumen in cm^3.
v = Umfangsgeschwindigkeit des Rotors.
v_s = Umfangsgeschwindigkeit der Schleifringe.
v_z = Umfangsgeschwindigkeit der Lagerzapfen.

W.

W = Die vom Motor aufgenommene Leistung.
W_{Cu_1} = Primäre Kupferverluste.
W_{Cu_2} = Sekundäre Kupferverluste.
W_{Cu_0} = Kupferverluste bei Leerlauf.
W_{Fe} = Eisenverluste.
W_H = Hysteresisverluste.
W_w = Wirbelstromverluste.
W_{La} = Verluste durch Lagerreibung.
W_{Lu} = Verluste durch Luftreibung.
W_0 = Leerlaufverluste.
w_r = Verluste durch Schleifringreibung.
w = Windungszahl pro Phase (allgemein).

Z.

Z_k = Kurzschlußimpedanz pro Phase.
z_1 = Drahtzahl der Statorwicklung pro Phase.
z_2 = Drahtzahl der Rotorwicklung pro Phase.
z' = Minimale Zahnbreite eines Statorzahnes.
z'' = Minimale Zahnbreite eines Rotorzahnes.
z_{min} = Minimale Zahnbreite.
z_{max} = Maximale Zahnbreite.

α = Grundfüllfaktor der Feldkurve.
α' = Tatsächlicher Füllfaktor der Feldkurve.
β = Distanzwinkel für die Mitten der Spulenseiten.
β' = Umfassung der Arbeitsphase bei Einphasenmotoren.
δ_b = Blechstärke in mm (unisoliert).
δ = Luftspalt in cm zwischen Stator und Rotor.
ε = Effektiver Spannungsabfall.
η = Wirkungsgrad.
η' = Güteverhältnis des Eisens (Hysteresis).
$\lambda = \frac{li}{D}$ = Längenverhältnis der Blechpakete zur Bohrung.
λ_n = Leitfähigkeit des Nutenraumes.
λ_k = Leitfähigkeit des Zahnkopfes.
λ_s = Leitfähigkeit an den Stirnverbindungen.
Φ = Haupt-Kraftlinienfluß.
τ = Polteilung in cm.
φ = Phasenverschiebungswinkel bei Normallast.
φ_0 = Phasenverschiebungswinkel bei Leerlauf.
φ_k = Phasenverschiebungswinkel beim Kurzschlußversuch.
ω = Winkelgeschwindigkeit des Vektors.

Anhang.

I. Vorlage eines praktischen Berechnungsformulars.

Berechnung Nr. ....

Wechselstrom-Maschinen-Berechnung.

Type: .... **Order No.:** .... **Besteller:** ....

$\frac{\textbf{Drehstrom}}{\textbf{Einphasen}}$ **= Induktionsmotor mit** .... **Anker** .... **polig**

Leistung .... **kw, KVA** .... **PS** .... **Volt;** .... **Amp.**

Touren (leer) ...... **Touren (Vollast)** ...... **Perioden; cos φ =** ...... **;** η **=** ......

.... **Betrieb;** .... **Ausführung.**

1. Größenabmessung und Wicklung.

a) Stator.

AS = ... ; B_l = ... ; $B_{z_1 max}$ = ... ; $B_{z_2 max}$ = ... ; B_a = ... ; B_R = ...

$D = \sqrt[3]{\frac{26{,}7 \cdot E_p' \cdot J_p \cdot 10^8}{B_{l\,max} \cdot n' \cdot AS \cdot \lambda}} = \sqrt[3]{} = \ldots$. $z_1 = \frac{AS \cdot D \cdot \pi}{3 \cdot J_p} = \frac{}{} = \ldots$

Haupt-Kraftfluß $= \frac{10^8}{} = \ldots\ldots 10^6$,

Außendurchmesser: .... mm	Spulenwickelbreite: .... Höhe: .... mm
Bohrung: .... mm	Schaltung der Spulen: Serie, parallel
Luftspalt: .... mm	Phasenschaltg: offen-Stern-Dreieck
Eisenlänge (wirksam) .... mm	Isolation: .... Preßspan: ....
Paketlänge: .... mm	Erregerstrom: ....
Schlitze: .... Bleche à 0, ... mm	Leerlaufstrom: ....
.... Endbleche à .... mm	Kernlänge: .... mm
Rückentiefe: .... mm · Q: .... mm²	Mittlere Windungslänge: .... m
Nutenzahl:	Länge pro Phase: .... m
Nuten pro Pol u. Phase:	Länge der Magnetwicklung: .... m
Nutenbreite:	Drahtquerschnitt: .... mm²
Nutentiefe:	Kernquerschnitt: .... mm²
Zahnteilungen: .... mm · Q .... mm²	Stromdichte: .... Amp/mm²
Zahnbreite: oben .... unten	Widerstand pro Phase (K-57) ...... Ohm
Drähte (Windg.) pro Nut (Pol)	Widerstand pro Phase (K-48) ...... Ohm
Drähte (Windg.) pro Nut (Pol)	Spannungsabfall: .... Volt
Draht ⌀ bl. .... mm, isol. .... (mm)	Kupfergew. Hauptwickl.: .... kg
Spulenzahl pro Kern:	Kupfergew. Hilfswickl.: .... kg

b) Rotor.

Außendurchmesser: .... mm
Innendurchmesser (Welle): .... mm
Eisenlänge (wirksam): .... mm
Schlitze: .... Bleche à 0, ... mm
Paketlänge: .... mm
Endbleche: .... mm
Rückentiefe: .... mm
Nutenzahl: ....
Nuten pro Pol u. Phase: ....
Nutenbreite: .... mm
Nutentiefe: .... mm
Nutenform (Polform): ....
Art der Wicklung: ....
Phasenzahl: ....
Drähte pro Nut (Windg): ....

Draht ⌀ bl. .... mm, isol. .... (mm)
Drahtquerschnitt: .... mm^2
Schaltung der Spulen: Serie, parallel
Schaltung der Phasen: Stern-Dreieck
Mittlere Windungslänge: .... m
Länge der Phase: .... m
Zahnteilungen: .... mm, Q .... cm^2
Zahnbreite: oben ....mm, unten ......
Stabquerschnitt: .... mm^2
Stromdichte: .... Amp/mm^2
Kurzschlußringe: .... mm^2
Widerstand pro Phase (k-57) .... Ohm
Kupfergewicht: .... kg
Anlasser: { .... Volt
{ .... Amp.

2. Magnetisierungsstrom.

Teil	Material	$\mathfrak{B}$	Q	l	aw	AW
Statorjoch						
Statorzähne						
Luft						
Rotorzähne						
Ankerkern						
					Σ AW	

$$i_\mu = \frac{\ldots\ldots \cdot p \cdot Aw_p}{z_1} = \frac{\quad}{\quad} = \ldots\ldots\ldots \text{ Ampere.}$$

Kurzschlußreaktanz ....; Kurzschlußimpedanz ....

3. Wirkungsgrad.

Kupferverluste Stator ..... $J^2 \cdot r_1$ = ...Watt
„ Rotor ..... $J^2 \cdot r_2$ = ... „
Eisenverluste { Wirbelstrom-V. .... „
{ Hysteresis-V. .... „
{ Zusätzliche V. .... „
Bürstenübergangsverluste .... „
Bürstenreibungsverluste .... „
Lagerreibungsverluste .... „
Luftreibungsverluste .... „

Σ Verluste .... Watt.

$$\text{Wirkungsgrad } \eta = \frac{\text{abgegeb. Watt}}{\text{abgegeb. Watt} + \Sigma \text{ Verluste}} = \frac{\quad}{\quad} = \ldots\ldots\ldots$$

4. Temperaturen.

Oberfläche Stator O_s = ... cm².
Oberfläche Rotor O_r = ... cm².

$$\text{Übertemperatur } T_ü = \frac{C_s \cdot \text{Verluste}}{\text{Oberfläche}} = \text{————} = \text{.......}^{\circ}\text{Cels.}$$

5. Arbeitsdiagramm.

$\cos\varphi_0$ = ... ; $\cos\varphi_k$ .... ; $\mathfrak{E}_0$ = ... ; $\mathfrak{E}_k$ = ... ; i_0 = ... ; J_k = ...
$\cos\varphi_{max}$ = ... ; L_{max} .... ; Kippmoment.
Schlupf .... ; Zugkraft ....

Bemerkungen.

....

....

....

Anlasser: Volt ..../.......... Ampere ....

II. Messungen im Prüffeld.

1. Ermittlung der Werte für die Arbeitskurven.

Die Arbeitskurven eines Induktionsmotors können durch Bremsung oder durch das aus Leerlauf- und Kurzschlußmessung erhaltene Arbeitsdiagramm gefunden werden.

Die Belastung erfolgt durch Bremszaum, Wirbelstrombremse oder Gleichstromdynamo mit bekanntem Wirkungsgrad. Bei konstanter Primärspannung ist der Primärstrom, die Primärleistung und die Tourenzahl zu messen.

Der Wirkungsgrad ergibt sich dann aus der Bremsleistung und der zugeführten Leistung

$$\eta = \frac{L_2}{L_1}$$

und der Leistungsfaktor aus der zugeführten Leistung, dem Strome und der Spannung

$$\cos\varphi = \frac{L_1}{m_1 \cdot J_1 \cdot Ep_1}.$$

Die direkte Bremsung kommt im allgemeinen nur für kleine Motoren in Frage, für größere erhält man alle Werte vorteilhaft aus dem Arbeitsdiagramm, wozu (wie schon früher erwähnt) die Messungen von Leerlauf- und Kurzschlußstrom sowie der dazugehörigen Wattaufnahmen genügen.

2. Messung der Erwärmungen.

Zur eigentlichen Prüfung eines Motors gehören außer Strom-, Spannungs- und Drehzahlmessung die Isolationsprüfung sowie Feststellung der Temperaturerhöhungen. Die Grenzen der letzteren sind durch Verbandsnormalien festgelegt. Wir unterscheiden Thermometermessungen und Berechnnng der Temperaturerhöhungen aus Widerstandsmessungen. Die Thermometermessungen werden an verschiedenen Maschinenteilen ausgeführt, die rechnerische Methode vorteilhaft bei den Wicklungen angewendet. Die dazugehörigen Widerstandsmessungen erfolgen mit Gleichstrom niedriger Spannung im kalten sowie warmen Zustande.

Die Übertemperatur ist dann angenähert:

$$T_ü = \frac{r_e - r_a}{r_a \cdot \alpha}; \quad \begin{array}{l} r_e = \text{Endwiderstand} \\ r_a = \text{Anfangswiderstand} \\ \alpha \cong 0{,}004. \end{array}$$

Die Haupteintragungen in einem Prüfungsprotokoll sind aus nachstehendem Muster ersichtlich. Die Höchsttemperaturen werden je nach Größe der Maschine bei Dauerleistungsmotoren normaler Bauart nach 3 bis 6 Stunden erreicht.

Muster.

Prüfungs-Protokoll.

Masch. Nr. .... Schalt.

der Firma: .... **M.-Gladbach.** bei 380 Volt.

betr. Drehstrommotor:

[1,5 PS] 1,1 kW 220/380 Volt 4,3/2,5 Amp. 50 Per. 1500/1400 Touren.

Zeit	Volt	Ampere	Touren	Bemerkungen	Leistungsfaktor
8^{20} h	379	1,05	~ 1500	Leerlauf	
8^{30} h	381	2,5	1410		
12^{00} h	380	2,55	1400		
12^{05} h	381	2,5	1400		
12^{10} h	382	3,1	1380	Überlast.	
12^{40} h	381	3,15	1380		

Temperaturen.

Raumtemperatur: 15°	Celsius	Übertemp.
Rotoreisen	60	45
Statoreisen	57	42
Rotorwicklung	60	45
Statorwicklung	58	43
Lager 1 (Riemens.)	60	45
Lager 2	55	40
Ausführung mit Kurzschluß-Rotor		

Isolationsmessung.

Statorwicklung wurde mit 1600 Volt Wechselstrom,

Rotorwicklung wurde mit 1000 Volt Wechselstrom geprüft.

Rotorspannung: 120 Volt.
Rotorstrom: 7,4 Ampere.

M.-Gladbach, den ....

geprüft:
bestätigt:

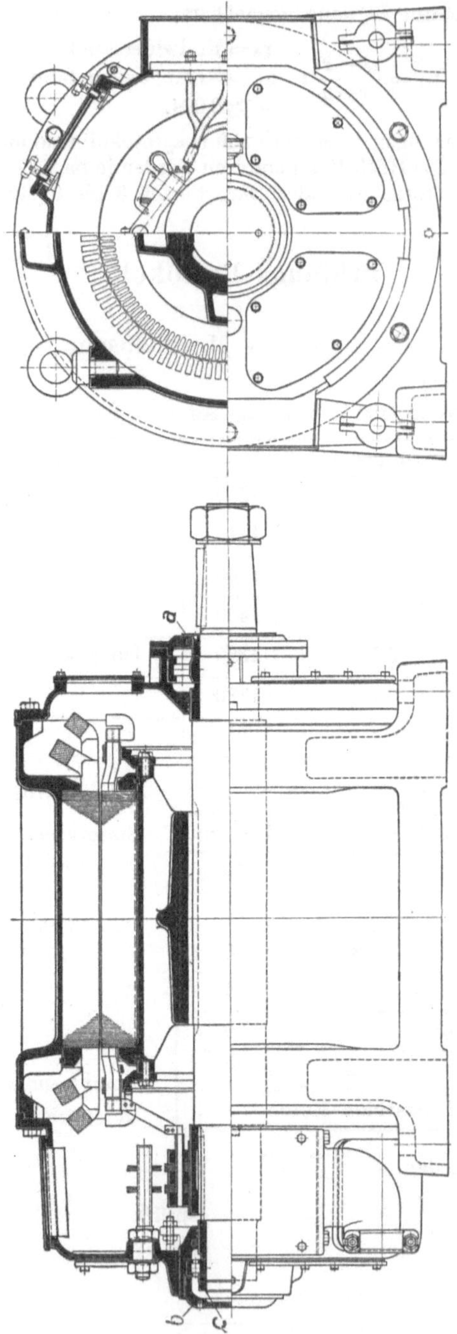

Abb. 34. AEG-Drehstrommotor etwa 12 kW (16,3 PS), 50 Per., 750 U/m, geschlossene Ausführung.

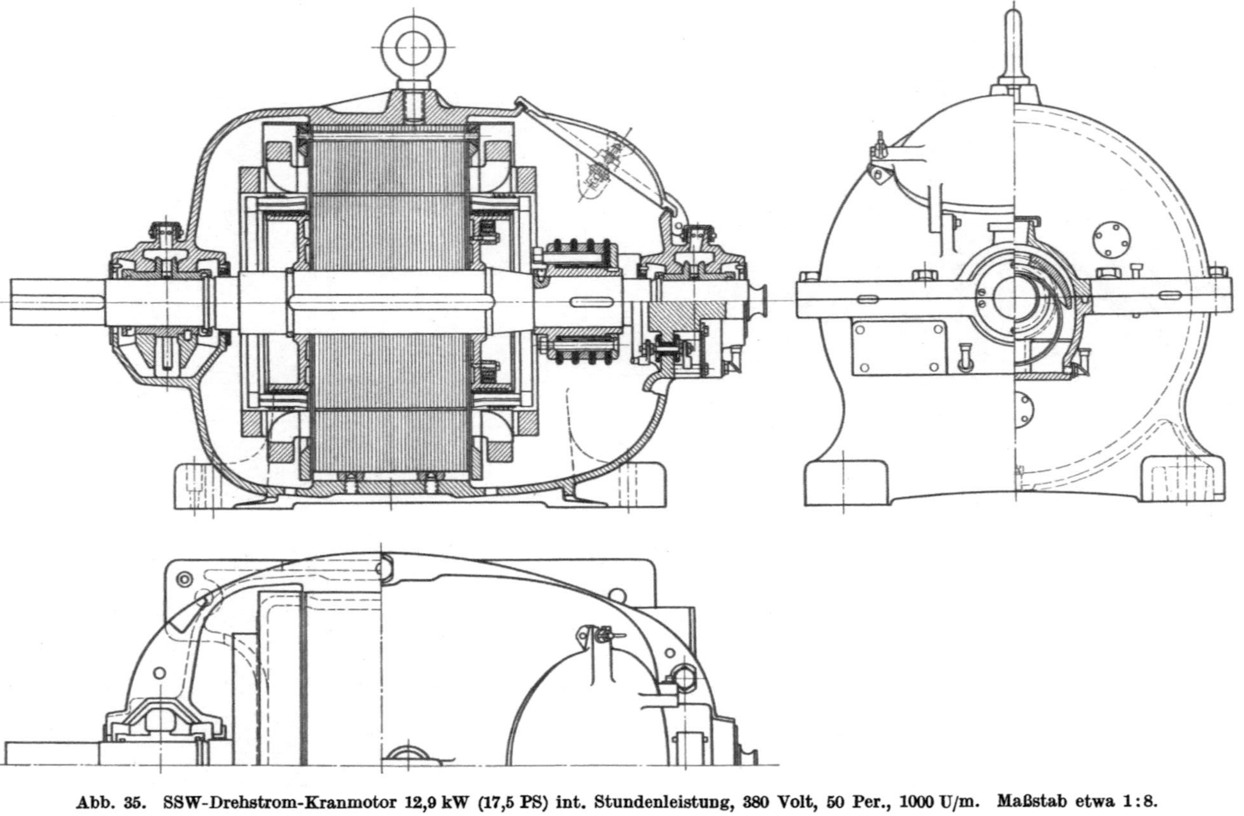

Abb. 35. SSW-Drehstrom-Kranmotor 12,9 kW (17,5 PS) int. Stundenleistung, 380 Volt, 50 Per., 1000 U/m. Maßstab etwa 1:8.

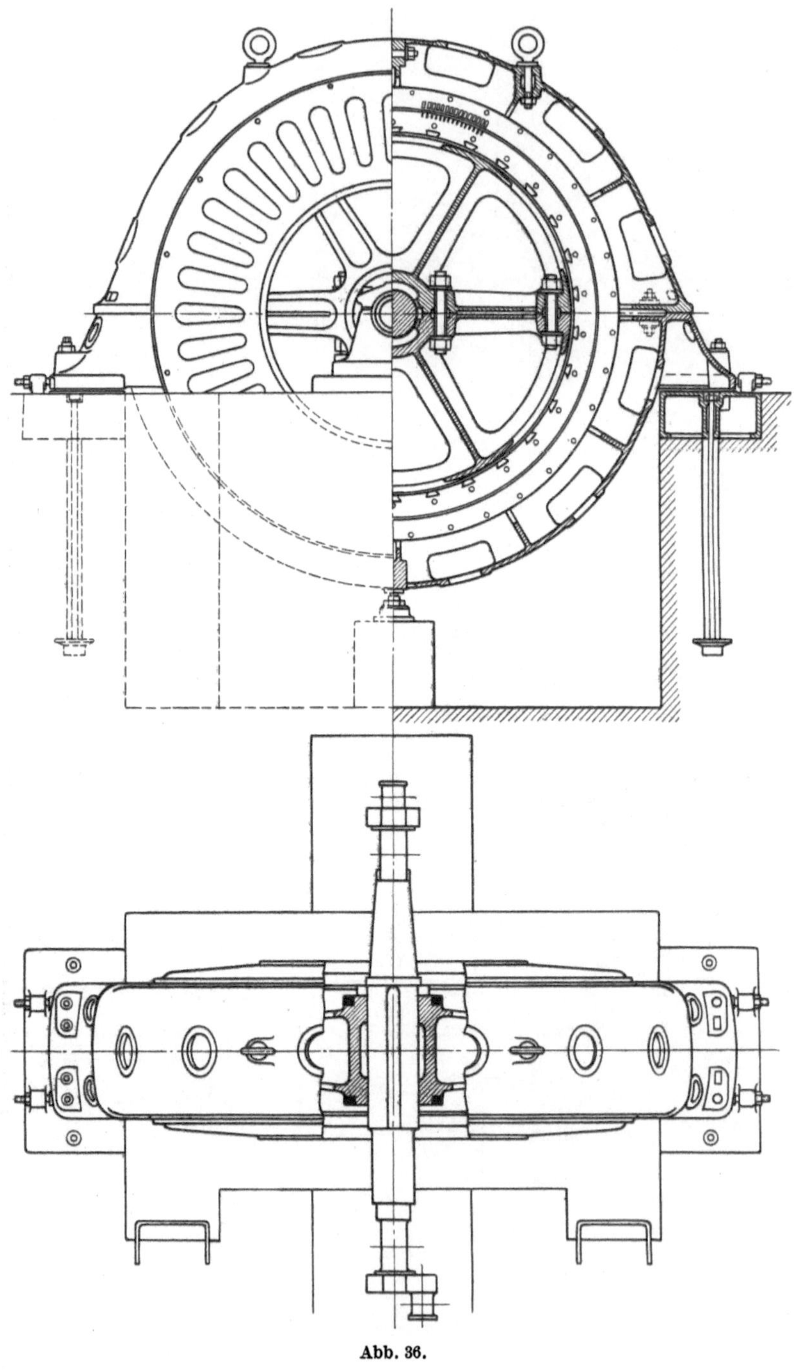

Abb. 36.

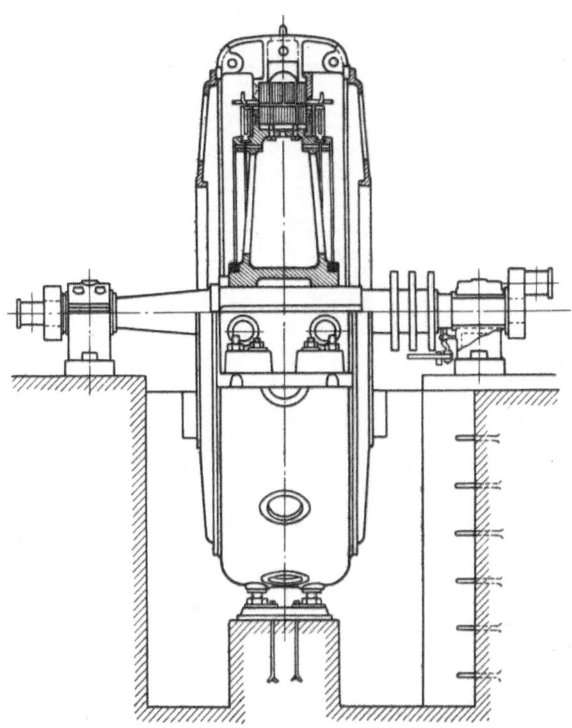

Zu Abb. 36.

Abb. 36. SSW-Drehstrommotor 258 kW (350 PS), 2000 Volt, 50 Per., 164 U/m zum Antrieb einer Kolpenpumpe. D $\cong$ 2660 mm. Maßstab etwa 1 : 50.

Der Stator ist durch Schrauben in horizontaler und vertikaler Richtung zwecks Justierung des Luftspaltes einstellbar. Stator ist vierteilig, Rotor zweiteilig.

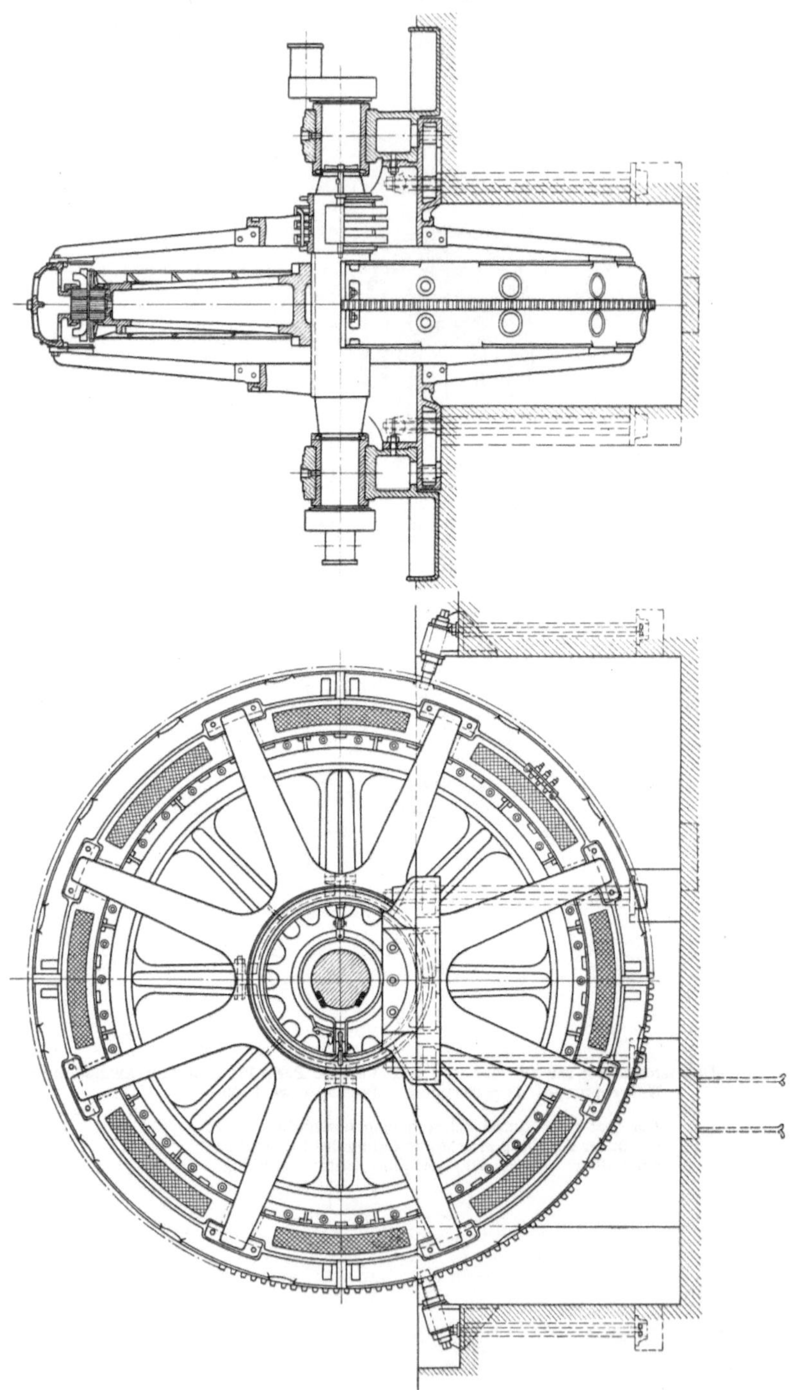

Abb. 37. SSW-Drehstrommotor 295 kW (400 PS), 3000 Volt, 50 Per., 71,5 U/m zum Antrieb einer Kolbenpumpe. D $\cong$ 3850 mm. Maßstab etwa 1 : 60. Der Stator ist zwecks Revision der unteren Spulen drehbar.

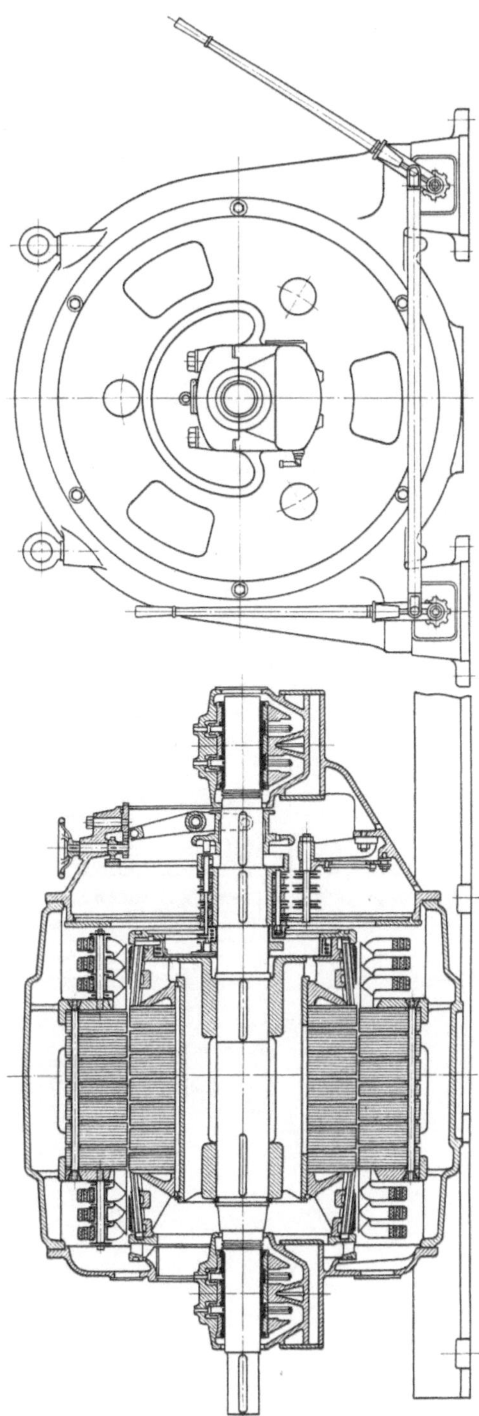

Abb. 38. SSW-Drehstrommotor 870 kW (1180 PS), 3000 Volt, 50 Per., 1500 U/m zum Antrieb einer Zentrifugalpumpe. D ≅ 800 mm. Maßstab etwa 1:27.

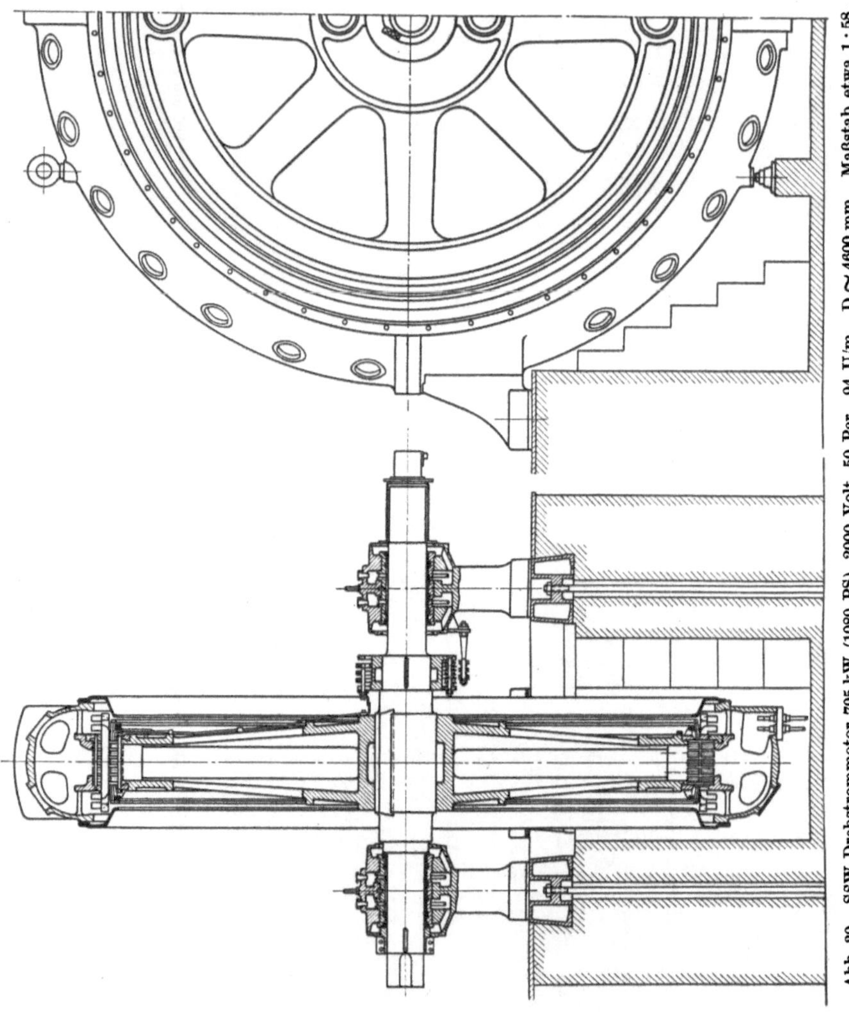

Abb. 39. SSW-Drehstrommotor 795 kW (1080 PS), 2000 Volt, 50 Per., 94 U/m. D $\cong$ 4600 mm. Maßstab etwa 1 : 58.

Namen- und Sachverzeichnis.

(Die Nummern bezeichnen die betreffenden Seiten.)

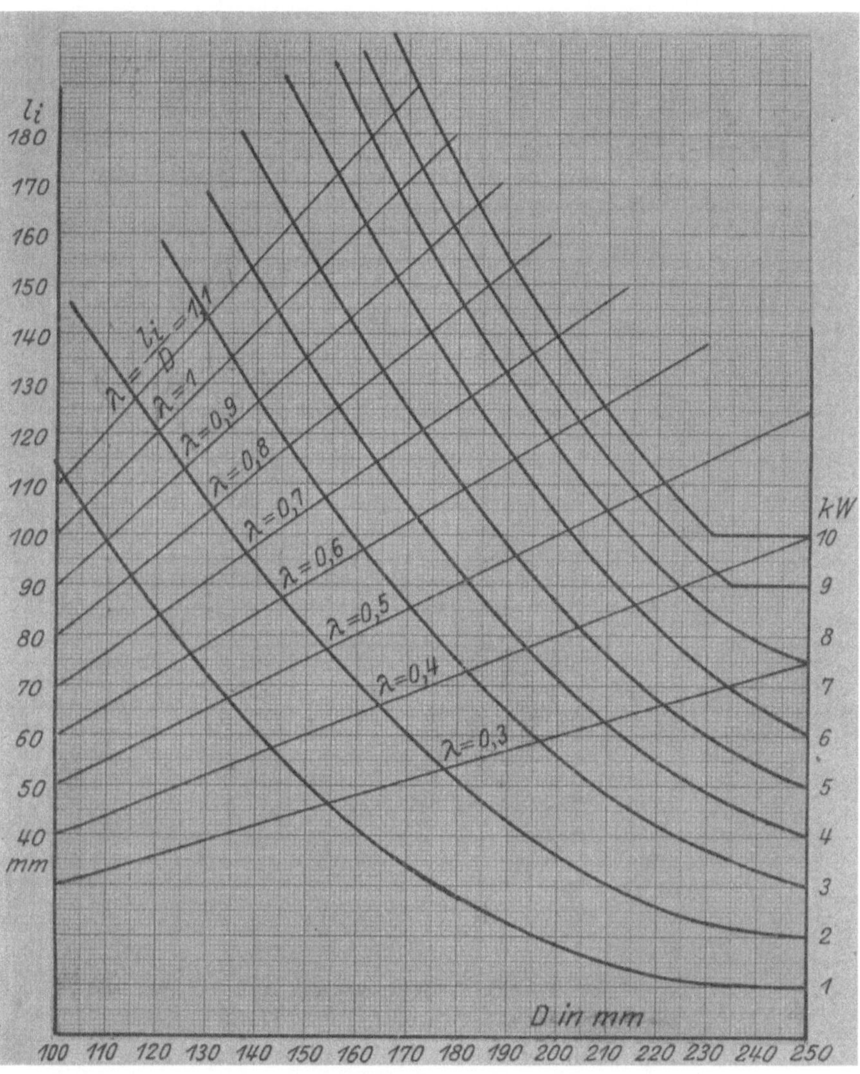

D bei bel. Längen für Drehstrommotoren von 1 bis 10 kw 1500 U/m. 50 Per.
Wirkl. Eisenpaketlängen $l \cong 1{,}07 \cdot l_i$

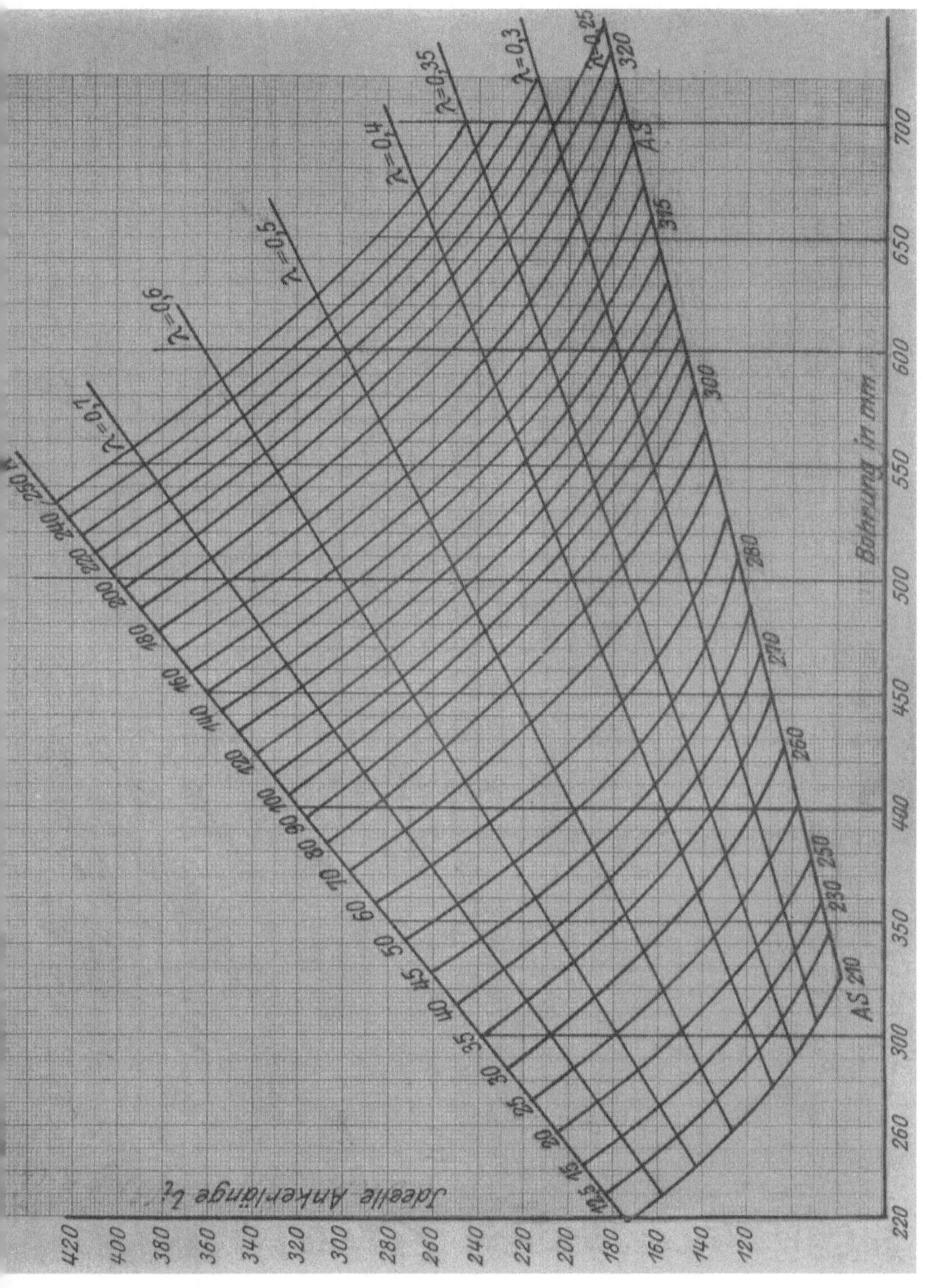

 Verlag von Julius Springer, Berlin.

Anleitung zur Entwicklung elektrischer Starkstromschaltungen. Von Dr.-Ing. **Georg J. Meyer.** Mit 167 Textabbildungen. VI, 160 Seiten. 1926. Gebunden RM 12.—

Elektrotechnische Meßkunde. Von Dr.-Ing. **P. B. Arthur Linker.** Dritte, völlig umgearbeitete und erweiterte Auflage. Mit 408 Textfiguren. XII, 571 Seiten. 1920. Unveränderter Neudruck. 1923. Gebunden RM 11.—

Elektrotechnische Meßinstrumente. Ein Leitfaden von **Konrad Gruhn,** Oberingenieur und Gewerbestudienrat. Zweite, vermehrte und verbesserte Auflage. Mit 321 Textabbildungen. IV, 223 Seiten. 1923. Gebunden RM 7.—

Messungen an elektrischen Maschinen. Apparate, Instrumente, Methoden, Schaltungen. Von Oberingenieur Dipl.-Ing. **Georg Jahn.** Fünfte, gänzlich umgearbeitete Auflage des von **R. Krause** begründeten gleichnamigen Buches. Mit 407 Abbildungen im Text und auf einer Tafel. VII, 394 Seiten. 1925. Gebunden RM 21.—

Wirkungsweise der Motorzähler und Meßwandler mit besonderer Berücksichtigung der Blind-, Misch- und Scheinverbrauchsmessung. Für Betriebsleiter von Elektrizitätswerken, Zählertechniker und Studierende. Von Direktor Dr.-Ing. Dr.-Ing. e. h. **J. A. Möllinger.** Zweite, erweiterte Auflage. Mit 131 Textabbildungen. VI, 238 Seiten. 1925. Gebunden RM 12.—

Die Prüfung der Elektrizitätszähler. Meßeinrichtungen, Meßmethoden und Schaltungen. Von Dr.-Ing. **Karl Schmiedel,** Charlottenburg. Zweite, verbesserte und vermehrte Auflage. Mit 122 Textabbildungen. VIII, 157 Seiten. 1924. Gebunden RM 8.40

Anlaß- und Regelwiderstände. Grundlagen und Anleitung zur Berechnung von elektrischen Widerständen. Von **Erich Jasse.** Zweite, verbesserte und erweiterte Auflage. Mit 69 Textabbildungen. VII, 177 Seiten. 1924. RM 6.—; gebunden RM 6.80

Über den Ausgleich der Einzelbelastungen bei Elektrizitätswerken (Verschiedenheitsfaktor) und über Elektrizitätstarife. Von Professor Dr.-Ing. e. h. **G. Dettmar,** Hannover. (Sonderdruck aus der „Elektrotechnischen Zeitschrift", 47. Jahrgang, 1926, Heft 2, 3, 4, 7 und 19.) Mit 35 Abbildungen. 70 Seiten. 1926. RM 1.80

Comparison of Principal Points of Standards for Electrical Machinery. (Rotating Machines and Transformers.) By Dipl.-Ing. **Friedrich Nettel.** 42 Seiten. 1923. RM 2.50; gebunden RM 3.—

Standards compared:

Germany: Verband Deutscher Elektrotechniker (VDE).
Britain: 1. British Engineering Standards Commitee (B. E. S. A.)
2. British Electrical and Allied Manufactures Association. (B. E. A. M. A.)
U.S.A.: Standards of the American Institute of Electrical Engineers (AIEE.)